普通高等教育"十三五"通用性基础规划教材
西南民族大学教材建设基金资助出版

软件测试

原理及应用

RUANJIAN CESHI
YUANLI JI YINGYONG

崔梦天　张　波　郭雪峰／编著

谈文蓉／主审

西南交通大学出版社
·成都·

内容简介

本书较为全面系统地介绍了当前软件测试领域的理论和实践知识，反映了当前最新的软件测试理论、标准、技术和工具，展望了软件测试的发展趋势。全书共分 15 章，主要包括软件工程与软件测试、软件测试概论、软件测试基础知识、软件测试过程、黑盒测试、白盒测试、自动化测试技术及其工具、性能测试、面向对象测试、软件测试管理以及软件测试文档模板等相关内容。

本书可作为高等院校相关专业软件测试的教材或教学参考书，也可作为从事计算机应用开发的软件项目经理和需要了解软件测试的各类管理人员的参考书。

图书在版编目（CIP）数据

软件测试原理及应用 / 崔梦天，张波，郭雪峰编著
. —成都：西南交通大学出版社，2019.7
普通高等教育"十三五"通用性基础规划教材
ISBN 978-7-5643-6939-2

Ⅰ. ①软… Ⅱ. ①崔… ②张… ③郭… Ⅲ. ①软件 –
测试 – 高等学校 – 教材　Ⅳ. ①TP311.55

中国版本图书馆 CIP 数据核字（2019）第 125812 号

普通高等教育"十三五"通用性基础规划教材
软件测试原理及应用

崔梦天　张　波　郭雪峰 / 编　著	责任编辑 / 穆　丰
	封面设计 / 墨创文化

西南交通大学出版社出版发行
（四川省成都市金牛区二环路北一段 111 号西南交通大学创新大厦 21 楼　610031）
发行部电话：028-87600564　　028-87600533
网址：http://www.xnjdcbs.com
印刷：四川森林印务有限责任公司

成品尺寸　185 mm×260 mm
印张　16.25　字数　406 千
版次　2019 年 7 月第 1 版　　印次　2019 年 7 月第 1 次

书号　ISBN 978-7-5643-6939-2
定价　45.00 元

前　言

随着软件的规模和复杂性的大幅提升，如何保证软件质量的可靠性变得日益重要。软件测试是保证软件质量的关键技术之一，同时也是软件开发过程中的一个重要环节，其理论知识和技术工具都在不断更新。软件测试从软件工程中演化而来，并且还在不断地发展之中。在学习本书之前，需要一些先行知识（如掌握一门高级语言、数据库、数据结构以及软件工程的基本理论知识等）作为支撑。

本书较为全面地涵盖了当前测试领域的专业知识，共分为5个部分，第1部分介绍了软件测试的基本含义以及与软件测试相关的数学基础知识；第2部分介绍了进行软件测试常用的两种方法：白盒测试和黑盒测试；第3部分介绍了软件测试的实用技术：单元测试、集成测试、性能测试等；第4部分介绍了软件测试自动化技术，包括Junit测试框架和自动化测试工具QuickTest Professional；第5部分则给出了进行软件测试所需的相关文档模板。本书综合性强，注重实践与理论相结合，用详细、完整的案例以及理论知识引领读者进入实际操作，主要面向初、中级读者，由"入门"起步，侧重"提高"。

本书的出版得到西南民族大学教材建设基金资助。与此同时，该教材也得到了四川省软件工程专业卓越工程师培养项目以及西南民族大学计算机学院实验基地建设项目的联合资助。

本书主要由西南民族大学崔梦天老师、中国人民武装警察部队学院张波老师、洛阳师范学院郭雪峰老师、山西师范大学孙清亮老师、赤峰学院贾丽美老师共同编写完成。其中第1章、第3章由崔梦天老师、郭雪峰老师完成；第2章、第5章、第6章、第7章由郭雪峰老师完成；第4章由孙清亮老师完成；第8章～第14章由张波老师完成；第15章由贾丽美老师完成。

本书在编写过程中得到了多方面的帮助、指导和支持。感谢西南民族大学计算机学院领导，他们为软件测试方向的课程规划与建设付出了大量的心血，特别感谢谈文蓉教授，花了大量的时间对全书做了审阅，并提出了宝贵的修改意见。在写此书过程中，作者参考和引用了大量的书籍和文献资料。在此，也向被引用文献的作者以及给予此书帮助的所有人士表示衷心的感谢。

由于编者水平有限，书中难免有不足之处，恳请广大读者批评指正，并提出宝贵意见。

编　者

2018 年 10 月

目　录

第 1 部分　软件测试基础

第 2 部分　软件测试方法

第 4 部分　软件测试自动化技术

第 5 部分　软件测试的相关文档

第1章 软件测试概述

1.1 软件测试的意义

1.1.1 软件缺陷的典型例子

随着计算机技术的飞速发展，一方面使计算机软件产品能够应用到社会的各个领域，给人们的学习、生活带来了巨大的方便；另一方面，一些计算机软件产品的错误或缺陷也给人们带来了诸多不便甚至是灾难。下面是一些造成较大影响的软件缺陷的典型案例。

1. 美国迪斯尼公司的狮子王游戏软件缺陷（Bug）

1994 年圣诞节前夕，迪斯尼公司发布了第一个面向儿童的多媒体光盘游戏 Lion King Animated Storybook（狮子王动画故事书）。由于迪斯尼公司的著名品牌影响和事先的大力宣传及良好的促销活动，市场销售情况非常不错，该游戏几乎成为父母为自己孩子过圣诞节的必买礼物。出人意料的是，12 月 26 日，圣诞节后的第一天，迪斯尼公司客户支持部的电话开始响个不停，不断有人投诉，抱怨为什么游戏总是安装不成功，或没法正常使用，很快报纸和电视开始不断报道此事。后来证实，迪斯尼公司没有对当时市场上的各种 PC（个人计算机）机型进行完整的系统兼容性测试，只是在几种 PC 机型上进行了相关测试。所以这个游戏软件只能在少数系统中正常运行，但在大众使用的其他常见系统中却不能正常安装和运行。

2. 美国航天局火星登陆事故

1999 年 12 月 3 日，美国航天局的火星极地登陆飞船在试图登陆火星表面时失踪。错误修正委员会观测到了故障，并认定出现误动作的原因极可能是某一个数据位被意外修改。大家一致声讨，问题为什么没有在内部测试时解决。后来发现，登陆飞船之前通过了多个小组进行测试，其中一个小组测试飞船的脚落地位置，另一个小组测试此后的着陆过程。前一个小组没有注意着地数据位是否置位，而后一个小组却在开始测试之前直接重置计算机，清除了数据位，由于各小组缺乏合理的沟通，从而导致了事故的发生。

3. 跨世纪"千年虫"问题

20 世纪 70 年代的一位程序员，为了节省空间，在开发工资系统时将四位日期缩减为两位。当时计算机存储器的成本很高，这样的做法无可厚非。后来，随着计算机技术的迅速发展，存储器的价格不断降低，但在计算机系统中使用两位数字来表示年份的做法却由于思维上的惯性而被沿袭下来，年复一年，直到新世纪即将来临之际，大家才突然意识到用两位数字表示年份将无法正确辨识公元 2000 年及其以后的年份。1997 年，信息界开始拉起了"千年虫"警钟，并很快引起了全球关注。虽然经过多方努力，此问题基本得到解决，但更换或升级系统以解决 2000 年份问题的费用超过了数亿美元。

4. 金星探测飞行失败

1963 年，由于用 FORTRAN 程序设计语言编写的飞行控制软件中的循环语句 DO 5 I=1，3 误写为 DO 5 I=1.3，将逗号误写为点号，结果导致美国首次金星探测飞行失败，造成价值 1000 多万美元的损失。

上述案例中的软件问题在软件工程或软件测试中都被称为软件缺陷或软件故障。

1.1.2 软件缺陷的产生原因

软件缺陷，常常又被叫作 Bug，即为计算机软件或程序中存在的某种破坏正常运行能力的问题、错误，或者隐藏的功能缺陷。

符合下面 5 个规则的任何一个或数个，我们就称之为软件缺陷。

（1）软件未达到产品说明书中已经标明的功能；

（2）软件出现了产品说明书中指明不会出现的错误；

（3）软件未达到产品说明书中虽未指出但应当达到的目标；

（4）软件功能超出了产品说明书中指明的范围；

（5）软件测试人员认为软件难以理解、不易使用，或者最终用户认为该软件使用效果不良。

在软件开发的过程中，软件缺陷的产生是不可避免的。那么造成软件缺陷的主要原因有哪些？由于软件产品是整个软件开发活动的成果结晶，因此需要从软件开发的各阶段去寻找原因。

按照软件工程的观点，软件开发的主要阶段依次为：需求分析、软件设计、软件编码、软件测试、软件运行和维护。

通过对大量软件及软件缺陷的研究，人们发现导致软件缺陷的最大的原因是软件需求（产品说明书），排在第二位的是软件设计，而人们通常认为的最容易导致缺陷的软件编码仅仅排在第三位。软件缺陷产生原因分布如图 1-1 所示。

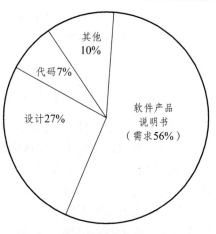

图 1-1 软件缺陷产生的原因分布

产品说明书是造成软件缺陷的罪魁祸首有不少原因。我们通常把规格说明书扩展为需求功能说明、功能规格说明、操作规格说明、使用规格说明等软件文档。首先，软件的用户大多是非计算机专业人士，软件开发人员和用户对要开发的软件功能理解可能不一致，从而引起沟通障碍，致使产品的功能设计不能完全满足用户需要。其次，用户的需要也在不断变化，这些变化没有及时在说明书中得到体现。最后，整个开发团队之间没有进行充分的沟通。这些都导致了软件缺陷的产生。

设计方案是软件缺陷产生的第二大来源。原因与产品说明书类似，如方案设计得不够全面，容易变化，开发小组成员之间沟通不足等。

软件编码排了导致软件缺陷出现的第三位。如现在的软件系统越来越复杂，开发人员不太可能精通所有的技术；说明文档质量普遍比较糟糕，或者文档本身就有错误；开发人员常处于进度的压力之下，容易产生错误等。

另外，还有其他一些原因，由于每种原因占的比例都很小，可将其归为一类，主要的原因还是前三类。

从上面分析可以看出，软件在各个阶段都有可能产生缺陷。测试人员应从需求分析就介入进去，尽早发现问题，及时修复缺陷。缺陷发现或解决得越迟，更正缺陷或修复问题的代价就越高。图 1-2 表明了同一缺陷在不同阶段发现时的修复费用对比。

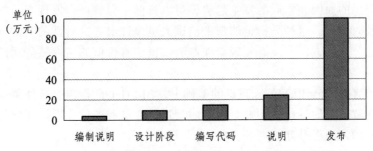

图 1-2　软件缺陷在不同阶段发现时修复的费用示意图

统计表明，在典型的软件开发项目中，软件测试工作量往往占软件开发总工作量的 40% 以上。而在软件开发的总成本中，用在测试上的开销要占 30% ~ 50%。如果把维护阶段也考虑在内，讨论整个软件生存期时，测试的成本比例也许会有所降低，但实际上维护工作相当于二次开发，乃至多次开发，其中必定还包含有许多测试工作。因此，测试对于软件生产具有重要的意义。

1.1.3　软件测试的目标

对于软件测试的目标，基于不同的立场，存在着两种完全不同的观点。从用户的角度出发，普遍希望通过软件测试暴露软件中隐藏的错误和缺陷，而考虑是否可以接受该产品。而软件开发者则希望通过测试验证软件产品中不存在错误，证明该软件已正确地实现了用户的要求，确立人们对软件质量的信心。

测试的目标决定了测试方案的设计，如果是为了表明程序是正确的而进行测试，就会设计一些不易暴露错误的设计方案；相反，如果测试是为了发现程序中的错误，就会设计出力求发现错误的设计方案。因此，若由软件开发者自己测试或站在开发者的立场去测试，则会选择那些导致程序失效概率小的测试用例，回避那些易于暴露程序错误的测试用例。同时，也不会刻意去检测、排除程序中可能包含的副作用。所以，这样的测试对完善和提高软件质量毫无价值。因为在程序中往往存在着许多预料不到的问题，可能会被疏漏，许多隐藏的错误只有在特定的环境下才可能暴露出来。如果不把着眼点放在尽可能查找错误这样一个基础上，这些隐藏的错误和缺陷就会查不出来，会遗留到运行阶段中去。如果站在用户的角度，替他们设想，就应当把测试活动的目标对准揭露程序中存在的错误。在选取测试用例时，考虑那些易于发现程序错误的数据，这样就利于提高软件质量。

有鉴于此，Glendford.J.Myers 在《the art of software testing》一书中提出了这样的观点：

（1）软件测试是程序的执行过程，目的在于发现错误；

（2）测试是为了证明程序有错，而不是证明程序无错误；

（3）一个好的测试用例在于能发现至今未发现的错误；

（4）一个成功的测试是发现了至今未发现的错误的测试。

测试的目标应该是以最少的时间和人力找出软件中潜在的各种错误和缺陷。如果成功地实施了测试，就能够发现软件中的错误。但认为发现错误是软件测试的唯一目的，查找不出错误的测试就是没有价值的测试也是错误的认识。一方面，测试并不仅仅是为了找出错误，通过分析错误产生的原因和错误的发生趋势，可以帮助项目管理者发现当前软件开发过程中的缺陷，以便及时改进。这种分析也能帮助测试人员设计出有针对性的测试方法，改善测试的效率和有效性。另一方面，没有发现错误的测试也是有价值的，完整的测试是评定软件质量的一种方法。

1983 年，在 Glendford.J.Myers 观点的基础上，Bill Hetzel 指出，软件测试的目标不仅是尽可能多地发现软件中的错误，还要对软件质量进行度量和评估，以提高软件质量。这一论断将对软件测试的认识提升到更高的层次。

而几乎同时，IEEE 提出的软件工程术语中也对软件测试进行了定义，指出软件测试是使用人工或自动手段来运行或测试某个系统的过程，其目的在于检验它是否满足规定的需求或弄清楚预期结果与实际结果之间的差别。这个定义明确指出：软件测试的目的是为了检验软件系统是否满足需求，它也不再仅是一个一次性的、且只是开发后期的活动，而是与整个开发流程融合成一体。

1.2　软件测试的发展史及现状

1.2.1　软件测试的发展史

软件测试是伴随着软件的产生而产生的。早在 20 世纪 50 年代，英国著名的计算机科学家图灵就给出了软件测试的原始定义。他认为，测试是程序正确性证明的一种极端实验形式。

但当时相对于软件开发而言，软件测试还处于次要位置。软件测试的含义比较狭隘，开发人员将测试等同于"调试"，主要针对机器语言和汇编语言，设计特定的测试用例，运行被测程序，将所得结果与预期结果进行比较，从而判断程序的正确性，目的是纠正软件中已经知道的故障，常常由开发人员自己完成这部分的工作。测试用例一般在随机选取的基础上，吸取测试者的经验或是凭直觉判断出某些重点测试区域。但测试在软件开发中的作用并没有受到应有的重视。测试方法和理论研究进展缓慢，除去一些非常关键的程序系统外，一般程序的测试大都是不完备的。在开发工作结束后，投入运行的程序仍然残存着一些缺陷。这些隐藏的缺陷一旦暴露出来就会给用户和维护者带来不同程度的后果。

直到 20 世纪 70 年代，随着软件技术的发展，软件的复杂度越来越高，人们才逐渐认识到软件测试的重要意义。1972 年，在北卡罗莱纳大学举行了首届软件测试正式会议。1975 年，John Good Enough 和 Susan Gerhart 发表了名为《测试数据选择的原理》的文章，使软件测试得到了许多研究者的重视。1979 年，Glendford J.Myers 出版了软件测试领域非常重要的一本专著《软件测试的艺术》(The Art of Software Testing)，该书中对软件测试的定义、目标等进行了描述，认为测试是为发现错误而执行程序的过程，测试的目的在于尽可能多地发现软件中的错误。

到了 20 世纪 80 年代，人们的质量意识越来越高。Bill Hetzel 于 1983 年出版了《软件测试完全指南》(Complete Guide of Software Testing)一书，该书指出：测试是以评价一个程序或系统属性为目标的任何一种活动，是对软件质量的度量。同年，IEEE 提出的软件工程术语中给软件测试也下了定义，指出软件测试是使用人工或自动手段来运行或测试某个软件系统的过程，其目的在于检验它是否满足规定的需求或弄清楚预期结果与实际结果之间的差别。这个定义明确指出：软件测试的目的是为了检验软件系统是否满足需求。

到了 20 世纪 90 年代，软件行业开始迅猛发展，软件的规模变得非常大，而当时软件测试的手段几乎完全都是靠人工测试，测试的效率非常低，测试活动需要花费大量的时间和成本；并且随着软件复杂度的提高，在一些大型软件开发过程中，出现了很多通过手工方式无法完成测试的情况。于是，很多测试工作实践者开始尝试开发商业的测试工具来支持测试，辅助测试人员完成某一类型或某一领域内的测试工作，这样使得测试工具逐渐盛行起来。通过运用测试工具，可以达到提高测试效率的目的。测试工具的发展，大大提高了软件测试的自动化程度，让测试人员从烦琐和重复的测试活动中解脱出来，专心从事有意义的测试设计等活动，而测试工具的选择和推广也越来越受到重视。同时，越来越多的测试模型被提出，测试的成熟度问题也得到了众多专家的关注，并提出了若干测试的成熟度模型，如测试能力成熟度 TCMM(Testing Capability Maturity Model)、测试支持度 TSM 等。

到了 2002 年，Rick 和 Stefan 在《系统的软件测试》一书中对软件测试做了进一步定义：测试是为了度量和提高被测软件的质量，对测试软件进行工程设计、实施和维护的整个生命周期过程。

1.2.2　软件测试的国内外现状

在国外，尤其是软件业发达的国家，软件测试已得到了软件从业人员的普遍重视，软件测试不仅早已成为软件开发的一个有机组成部分，而且在整个软件开发的系统工程中占据着相当大的比重。以美国的软件开发和生产的平均资金投入为例，通常是："需求分析"和"规划确定"各占 3%，"设计"占 5%，"编程"占 7%，"测试"占 15%，"投产和维护"占 67%。测试在软件开发中的地位，由此可见一斑。

我国的软件测试与软件业发达的国家相比仍存在不少差距，不过，随着软件的复杂程度的提高，国内 IT 企业也逐步开始重视软件测试团队的建设，在 IT 企业中，一些知名企业已经将软件测试作为企业未来发展的一个板块。在国内软件测试行业中各种软件测试的方法、技术和标准都还在探索阶段。

为了较全面地了解我国软件测试发展现状，作为国内最大的软件测试门户网站，51Testing 软件测试网于 2008 年策划组织了中国首届企业软件测试现状调查活动，调查问卷所有项目均针对各企业软件测试部门而设立，目的是为企业和测试人员提供测试领域最全面、真实、有效的各项数据和分析，帮助企业和个人了解软件测试发展现状，有针对性地提高自身的软件测试技术水平和管理水平。

1.2.3　软件测试的发展趋势

1.　建立大的独立测试中心是软件测试发展的一个趋势

随着软件行业的快速发展，系统越来越精密，软件也越来越复杂，影响的范围也不断扩大。因此，这个时期开发的软件就必须进行十分严格的测试。而 IT 管理开发与运行维护分离的趋势，也推动着独立测试中心的诞生和发展。目前国内虽已涌现出很多的第三方测试机构，但其中很多仍然处于发展的初级阶段，行业自律也还不足。而金融、电信等很多行业对软件稳定性又非常依赖，因此，建立大的独立测试中心尤为必要。

2.　自动化测试工具的应用将会更普遍、更充分

软件测试很大程度上是一种重复性工作，这种重复性表现在同样的一个功能点或是业务流程需要借助不同类型的数据驱动运行很多遍。同时，由于某一个功能模块的修改而有可能影响其他模块而需要进行回归测试，也需要测试人员重复执行以前用过的测试用例，正是基于以上原因，人们才想出了自动化测试方法，同时计算机技术的发展也为自动化测试的实现提供了必要条件。就自动化技术的使用情况来看，大多数公司是使用负载测试工具进行性能测试，大多数软件往往不具备自动化功能工具应用的条件，自动化测试工具大规模的应用还需要一定的时间。但随着软件业的不断发展，自动化测试工具的应用必将会更普遍、更充分。

3.　测试技术将越来越细化，越来越专业

软件测试技术的发展正在经历不断细分的发展过程。最初大家只是关注于功能测试，于是引进了功能技术理论，近年来随着人们质量意识的提高，开始看重软件产品或系统的性能，经过测试工作者及测试厂商的努力，性能测试工具得到了较为广泛的应用，并总结出了在性能测试方面相关的一些理论与方法。除此之外，根据软件应用领域及软件类型的不同，出现了一些更加专业的测试技术类型，如手机软件测试和嵌入式软件测试等。

手机软件测试这个研究分支的出现，主要是因为手机上的软件种类越来越丰富，出现了很多专门从事手机软件的开发公司，于是自然而然出现一批手机软件测试的工程师。同时由

于手机软件的特殊性，如使用一些专门的操作系统，加上手机内存及 CPU（中央处理器）相对较小等特点，手机软件的测试有其特殊的技术方法，2009 年电子工业出版社出版了《手机软件测试最佳实践》一书，感兴趣的读者可以参考一下。

由于嵌入式系统的自身特点，如实时性（Real-timing），内存不丰富，I/O 通道少，开发工具昂贵，与硬件紧密相关，CPU 种类繁多等。嵌入式软件的开发和测试也就与一般商用软件的开发和测试策略有了很大的不同，相对来说操作起来困难会更大一些。

1.3　软件测试的特点和原则

1.3.1　软件测试的特点

在软件开发活动中，软件测试阶段具有不同于分析、设计、编码阶段的特点，表现在：

1. 复杂性

要做好软件测试，不仅需要站在客户的角度思考问题，真正理解客户的需求，具有良好的分析能力和创造性的思维能力，完成功能和用户界面的测试，而且还能理解软件系统的实现机理和各种使用场景，具有扎实的技术功底，通过测试工具完成相应的性能测试、安全性测试、兼容性测试和可靠性测试等更具挑战性的任务。从这些角度看，测试需要测试人员的业务分析能力、对客户需求的理解能力和团队沟通协作的能力。

2. 挑剔性

软件测试是为了让开发出的软件满足用户需求，而对软件质量进行监督和保证。其目的不是为了证明程序中没有错误，而是为了尽早发现程序中的错误，以减少修复错误的成本。因此，软件测试是一种"挑剔性"的行为。

3. 不彻底性

所谓彻底测试，就是让被测程序在一切可能的输入情况下全部执行一遍，通常也称这种测试为"穷举测试"。然而在许多实际的测试中，由于测试用例数量巨大，穷举测试往往是无法实现的。

4. 经济性

软件工程的总目标是充分利用有限的人力和物力资源，高效率、高质量地完成测试。而软件测试的不彻底性，要求我们在软件测试中要对测试用例进行选择，要选用典型的、有代表性的测试用例进行有限的测试。为了降低测试成本，选择测试用例时应注意遵守"经济性"的原则。第一，要根据程序的重要性和一旦发生故障将造成的损失来确定测试用例的等级；第二，要认真研究测试策略，以便能使用尽可能少的测试用例，发现尽可能多的程序错误。

1.3.2　软件测试的基本原则

除了掌握测试的技术外，还必须遵循一些基本原则。

1．应尽早地和不断地进行软件测试

软件开发者应牢记"尽早地和不断地进行测试"。IBM360 操作系统的历史教训表明，缺陷修复成本随着各个阶段的靠后而上升，软件缺陷的积累与放大效应是导致软件危机的最主要原因。图 1-3 所示为缺陷放大模型大致状况。另外，不应该把软件测试仅仅看作是软件开发的一个独立阶段，而应当把它贯穿于整个软件的生命周期中。

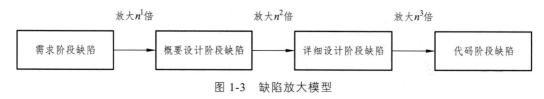

图 1-3　缺陷放大模型

2．不可能进行完全的测试

对一个程序进行完全测试就是意味着在测试结束之后，再也不会发现其他的软件错误了，但这是不可能的。即使是规模很小的软件或者软件产品，其逻辑路径和输入数据的组合也几乎是无穷的，测试人员基本不可能实现对测试对象进行完全的检查和覆盖。

3．增量测试，由小到大

无论是传统的软件测试还是面向对象的软件测试都要遵循"增量测试、由小到大"的原则。这里的由小到大，指的是软件测试的粒度。

4．软件开发者应避免测试自己的程序

为达到较好的测试效果，软件开发者应避免测试自己的代码，而由独立的专业测试机构来完成。与软件开发者相比，作为第三方的软件测试机构，具有客观性、专业性和权威性更高的优点，因此，测试由独立的专业测试机构来完成，对提高软件测试的有效性具有重要意义。

5．设计周密的测试用例

测试用例是测试工作的核心，软件测试的本质就是针对要测试的内容确定一组测试用例。好的测试用例是软件测试成功的前提。因此，测试用例应该尽量设计的周密细致，这样才能更好地保证测试工作的质量。

6．注意错误集中的现象

在软件测试中，一定要注意测试中的错误集中发生现象，即通常情况下，哪个模块已发现的缺陷越多，其残存的未被发现的错误也越多，在该模块就需要投入更多的人力精力去测试。

7. 合理安排测试计划

合理的测试计划有助于测试工作顺利有序地进行，因此要求在对软件进行测试之前所做的测试计划中，应该结合了多种针对性强的测试方法，列出所有可使用资源，建立一个正确的测试目标；要本着严谨、准确的原则，周到细致地做好测试前期的准备工作，避免测试的随意性。

8. 确认 Bug 的有效性

在测试过程中，有时候测试人员提交的 Bug 并不是真正的 Bug。因此我们必须对 Bug 进行确认，保证其有效性。图 1-4 具体地描述了无效 Bug 的来源。一般由 A 测试人员发现的Bug，一定要由另外一个 B 测试人员来进行确认，如果发现严重的 Bug 可以召开评审会进行讨论和分析。

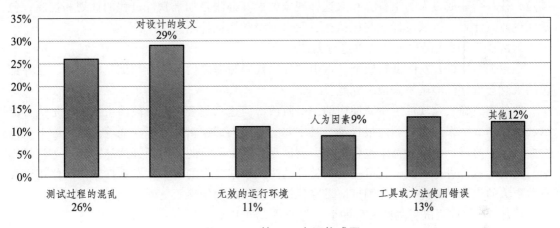

图 1-4　无效 Bug 来源构成图

9. 要进行回归测试

回归测试是指在软件发生修改之后重新进行先前的测试以保证修改的正确性。在软件生命周期中，只要软件发生了改变，就可能给该软件带来问题。所以在软件测试中，一定要进行回归测试，以便确定修改是否达到了预期的目的，检查修改是否破坏原有的正常功能。

10. 应保留一切测试用例，并对测试结果进行统计和分析

测试完成后，应保留一切测试用例，并对测试结果进行统计和分析。这样有利于正确地鉴别测试后输出的数据，给出清晰的错误原因分析报告。

1.4　软件测试的基本方法

软件测试的方法和技术是多种多样的。对于软件测试技术，可以从不同的角度加以分类，本书后面的章节将做具体介绍。

1.5 软件测试中的认识误区

目前对软件测试的认识还存在不少误区，从而使得测试并没有在软件开发项目中起到应有的作用。下面就列举一些软件测试中常见的认识误区。

误区 1：软件测试和软件调试是一样的。

测试不等同于调试，测试是为了发现软件中存在的缺陷，调试是为了解决缺陷，调试应是在进行了成功的测试后才开始的工作。

误区 2：有时间就多测一些，没时间就少测一些。

有相当一部分人认为软件测试在软件开发过程中并不重要，有时间就多测一些，没时间就少测一些，这是不重视软件测试的表现，也是软件项目过程管理混乱的表现，必然会降低软件产品的质量。由于缩短测试时间带来的测试不完整，导致项目质量的下降而引起潜在的风险，往往会造成更大的浪费。克服这种现象的最好办法是加强软件过程的计划和控制，包括软件测试计划、测试设计、测试执行、测试度量和测试控制。

误区 3：程序代码写完之后再进行测试。

不少人由软件开发的瀑布模型，得出"程序代码写完之后再进行测试"的结论。这种错误的观念会给软件测试带来很多问题。

软件测试确实是软件生命周期中的一个阶段，但这只是表明该阶段的主要工作是执行测试、分析测试结果和递交测试报告等，其主要集中于内部逻辑和外部功能等。而实际上软件生命周期中的每一个阶段都应包含测试，测试是伴随着项目的开始而开始的。如果等到代码编写完成之后再进行测试，就可能会给软件的测试带来极大的困难，对软件错误的修正也要花费更大的代价。因此，软件测试应贯穿软件开发活动的始终。

误区 4：软件测试是测试人员的事，与开发人员无关。

在实践中，为了减少相互影响，通常要求开发和测试相互独立，但这并不是说软件测试与开发人员无关，这只是分工不同。开发和测试是软件项目中两个相辅相成的过程。另外在实际开发活动中，有一些测试如单元测试就是全部由编程人员完成，或由测试人员提供测试用例，由开发人员运行。

误区 5：软件测试是为了证明软件的正确性。

由于软件是一种复杂的逻辑产品，不可能对其进行穷举测试，即使测试中没有发现错误，也不能证明软件无错。

误区 6：所有软件缺陷都可以修复。

由于各种原因，不是所有的缺陷都要修复，这也并不意味着软件测试未达到目的。

1.6 软件测试的心理学问题

软件测试工作是完全依赖于软件测试员完成的，软件测试员的心理状态和心理活动严重影响着测试的效率和质量。所以，在软件测试中，心理学问题是不可忽视的一个方面。下面对软件测试过程中常见的一些心理现象和心理活动进行分析，以找到一些合适的应对措施。

1.6.1　常见的心理问题

1．软件测试是一种破坏性活动

很多人对软件测试存在误解，认为它是一项破坏性的活动，是对软件开发人员工作的否定，而社会上大多数人的人生观是建设性的，而非破坏性的，这种与大众人生观相违背的观念使不少人对测试工作望而生畏，在很大程度上制约了软件测试的发展，使软件的质量难以得到保证和提高。

2．对测试目的认识错误

不少人对软件测试的目的有着错误的认识，这也是软件测试不能顺利进行的一个重要原因。如果认为软件测试的目的是要证明程序中没有错误，就会不自觉地朝这个方向去做，也就是说，会倾向于挑选那些使程序出错可能性较小的测试数据，使用一些不容易出错的测试用例。如果目标是要证明程序中有错，那就会选择一些易于发现程序所含错误的测试数据，使用一些容易暴露问题的测试用例。

3．软件开发人员可以兼做软件测试工作

有人认为软件测试工作可以由开发人员兼任，这种心理现象的存在在一段时间内成为测试的障碍，极大地影响了测试技术的发展。

首先，开发和测试生来就是不同的活动。开发是创造或者建立产品的行为，而测试的主要目的是找出一个模块或者系统中存在的缺陷，这两个活动之间有着本质的矛盾。当开发人员在完成了设计、编写程序的建设性工作后，要突然改变他的观点，设法对程序形成一个完全否定的态度，那是非常困难的。其次，开发人员在刚刚开发完成的时候，尚沉浸于对自己设计的回味之中，此时去测试往往会侧重于程序本身的功能通过性测试，很难发现其他错误。最后，程序中可能包含由于程序员对问题的叙述或说明的误解而产生的错误，自己测试仍然发现不了问题。

1.6.2　应对措施

为了减少以上心理活动对软件测试的影响，应采取的措施如下：

1．重视测试工作，合理配备相关人员

管理人员应意识到软件测试的重要性与复杂性，安排优秀的或职业的测试人员进行测试工作，而不是让那些经验最少的新手、没有效率的开发者或不适合干其他工作的人去做测试工作。

2．进行相关培训，提高测试人员素质

对现有测试人员进行相关知识培训，使其在提高专业水平的基础上，转变观念，对软件

测试及测试目的能有正确的认识，并提高沟通能力、探索精神等各种测试人员应具备的能力素质，使测试活动顺利进行。

3．由独立测试机构承担测试任务

独立测试机构在客观性、专业性、权威性、资源保证性等诸方面有独到的优势，由独立测试机构承担测试任务对提高软件测试的有效性都具有重要意义。

1.7　测试人员的能力要求和职业前景

1.7.1　测试人员的能力要求

与软件开发一样，软件测试也是一项技术含量很高的工作。要想使测试顺利完成，软件测试人员也必须具备一定的能力素质。

1．计算机专业能力要求

计算机领域的专业技能是测试人员应该必备的一项素质，是做好测试工作的前提条件。尽管没有任何计算机专业背景的人也可以从事测试工作，但是要想获得更大发展空间或者持久竞争力的测试人员，计算机专业技能是必不可少的。计算机专业技能主要包含 3 个方面：

1）测试专业知识

软件测试已经被很多成熟的公司视为高级技术工程职位，因此，要想成为一名优秀的测试人员，应该具有扎实的专业基础，因为测试专业技能涉及的范围很广，本书后边会有详细介绍，这里就不再赘述。

2）良好的软件编程基础

软件测试人员应具有良好的软件编程基础，了解和熟悉软件的编程过程，只有如此，才可以胜任诸如单元测试、集成测试、性能测试等难度较大的测试工作，才可能取得较好的职业发展。在微软，很多测试人员都拥有多年的软件开发经验。

当然，对软件测试人员的编程技能要求也有别于开发人员，测试人员编写的程序应着眼于运行正确，同时兼顾高效率，尤其体现在与性能测试相关的测试代码编写上。

3）宽泛的计算机基础知识

由于软件测试中经常需要配置、调试各种测试环境，而且在性能测试中还要对各种系统平台进行分析与调优，因此要做好软件测试，测试人员还需要具备宽泛的计算机基础知识，特别是网络、操作系统、数据库、中间件等相关知识。

2．应具备的基本能力素质

软件测试人员除了要具备上述计算机专业技能之外，还应具备以下能力素质：

1）较强的沟通能力

在软件测试中，软件测试人员经常需要和其他人（特别是和软件开发人员）沟通交流，而软件测试和开发的天然"对立"的关系使得测试人员的沟通能力显得尤为重要。只有具有较强的沟通能力，把自己的观点以开发者乐于接受的方式表达出来，才能更好地改进缺陷，提高软件质量。

2）具有探索精神

为了尽快地了解被测软件，尽早发现软件缺陷，软件测试人员还应具有探索精神，不惧怕陌生领域和环境，尽快进入测试状态。

3）具有创造性

为了克服"杀虫剂怪事"（指测试人员对同一测试对象进行的测试次数越多，发现的缺陷会越来越少，对软件过于熟悉，会形成思维定式），软件测试人员必须编写不同的测试程序，用富有创意的甚至是超常的手段来寻找软件缺陷。

4）判断准确

由于软件测试员需要决定测试内容、测试时间，并判断测试到的问题是否为真正的缺陷，因此，具有准确的判断力也是软件测试人员的一项基本素质。

5）故障排除专家

软件测试员要有对软件高风险区的判断能力，善于发现问题的症结，尽快排除故障。

6）追求完美

软件测试员应具有追求完美的性格，即使知道有些目标难以企及，也会尽力接近目标。

7）坚持不懈的精神

软件测试员应剔除心存侥幸的心理，不放过任何蛛丝马迹，坚持不懈，想方设法找出问题。

8）移情能力

软件测试人员必须和开发者、用户和管理人员等各类人打交道，这些人员都处在一种既关心又担心的状态之中，但心理又各不相同。用户担心将来使用一个不符合自己要求的系统，开发者则担心由于对系统要求理解不正确而使他不得不重新开发整个系统，管理部门则担心这个系统突然崩溃而使其声誉受损。因此，需要测试小组的成员对他们每个人都具有足够的理解和同情，具备了这种能力可以将测试人员与相关人员之间的冲突和对抗减少到最低程度。

9）耐心

一些质量保证工作需要足够的耐心。有时需要花费惊人的时间去分离、识别一个错误，这个工作是那些"坐不住"的人无法完成的。

10）自信心

开发者指责测试者出了错是常有的事，测试人员必须对自己的观点有足够的自信心。

另外，软件测试人员还应具有缜密的逻辑思维能力，较强的责任心和团队合作精神，良好的学习能力和较好的书面表达能力等。

1.7.2 测试人员的职业前景

在软件产业发达的国家，软件测试在人员配备和资金投入方面具有相当的比重。如微软为打造 Windows2000，动用了 1 700 多个开发人员以及 3 200 个测试人员，开发和测试人员之比约为 3∶5。HP 惠普公司的测试人员和开发人员的比例为 1∶1，这也是很多先进软件企业通常的人员配比。

近年来随着 IT 产业和企业的迅猛发展，国内越来越多的 IT 企业已逐渐意识到测试环节在软件产品研发中的重要性。此类软件质量控制工作均需要拥有娴熟技能的专业软件测试人才来协作完成，软件测试工程师作为一个重要角色正成为 IT 企业招聘的热点。而由于我国企业对于软件测试自动化技术在整个软件行业中的重要作用认识较晚，因此这方面的专业技术人员在国内还较少，人才供需之间存在着巨大的缺口。据业内专家预计，在未来 5 ~ 10 年中，我国社会对软件测试人才的需求还将继续增大，软件测试的职业前景一片大好。

1.8 小 结

软件测试是使用人工或自动手段来运行或测试某个系统的过程，其目的在于检验它是否满足规定的需求或弄清楚预期结果与实际结果之间的差别。随着软件行业的迅猛发展及人们质量意识的提高，软件测试已得到了软件从业人员的普遍重视，软件测试理论和方法也在不断完善，测试工具也在蓬勃发展。

通过本章的论述，可以了解到软件测试发展的意义、发展史、现状、特点和基本方法，认识测试中的一些常见误区和心理学问题，了解测试人员的能力要求，为今后的学习明确方向。

特别要强调的是，测试过程中为了更好地保证软件测试的质量，首先要遵循一定的测试原则，最为重要的就是应该尽早地进行测试。

第 2 章　测试人员应掌握的离散数学知识

除了软件其他生命周期活动外，测试本身还要进行数学描述和分析。本章为测试人员提供所必需的数学知识。

一般来说、离散数学更适用于功能性测试（功能测试指测试软件各个功能模块是否正确，逻辑是否正确），而图论更适合结构性测试（结构性测试是根据程序实现来设计测试用例，此方法把测试对象看作一个透明的盒子，它允许测试人员利用程序内部的逻辑结构及有关信息，设计或选择测试用例，对程序所有逻辑路径进行测试覆盖）。离散数学包括集合论、函数、关系、命题逻辑和概率论，以下分别讨论这些内容。

2.1　集合论

集合（简称集）是数学中一个基本概念，它是集合论的研究对象。集合是指具有某种特定性质的具体的或抽象的对象汇总成的集体，这些对象称为该集合的元素。

如：可以引用正好有 30 天的月份，使用表示法写为：

$$M_1 = \{4\,月，6\,月，9\,月，11\,月\}$$

以上表示法读作"M_1 是元素为 4 月，6 月，9 月，11 月的集合"。

2.1.1　集合成员关系

集合中的项叫作集合的元素或成员，两者的关系采用符号 $\in$ 表示，如上例有 $4\,月 \in M_1$，如果事物不是集合成员，则使用 $\notin$ 表示，可以有 $12 \notin M_1$。

2.1.2　集合定义

集合有三种定义方式，简单列出集合的元素，给出辨别规则；或通过其他集合构建，列出元素方式适合于少量元素的集合；或元素符合某种明显模式的集合，如：

$$Y = \{1, 2, 3, \cdots, 1\,001, 1\,002\}$$
$$Y = \{年：1912 < 年 < 1990\}$$
$$N = \{t : t\ 是等边三角形\}$$

2.1.3 空 集

空集采用符号∅表示，在集合论中占有特殊的位置，空集不包含元素。

如果集合被决策规则定义为永远失败，那就是空集，如：

$$\varnothing = \{年：2020 < 年 < 1990\}$$

2.1.4 维恩图

当讨论已描述和已编程实现的行为时，常常画出维恩图。在维恩图中，集合被表示为一个圆圈，圆圈中的点表示集合元素，这样我们可以把有 30 天的月份的集合 M_1 表示为图 2-1 所示。维恩图以直观方式表示各种集合关系，在软件测试中非常有用。

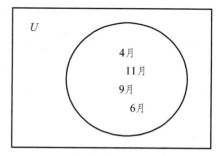

图 2-1 有 30 天月份的维恩图

2.1.5 集合操作

集合的表示能力主要表现在集合的基本操作上：并、交和补，以及相对补、对称差和笛卡儿积，对于给定集合 A 和 B，定义以下操作：

并是集合 $A \cup B = \{x: x \in A \lor x \in B\}$；

交是集合 $A \cap B = \{x: x \in A \land x \in B\}$；

A 的补是集 $A' = \{x: x不属于A\}$；

B 针对 A 的相对补是集合 $A - B = \{x: x \in A \land x不属于B\}$；

A 和 B 的对称差是集合 $A \oplus B = \{x: x \in A \oplus x \in B\}$。

这些集合的维恩图如 2-2 所示。维恩图的直观表示能力，对于描述测试用例之间和被测试软件之间的关系非常有用。

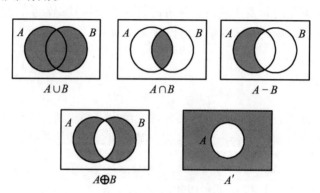

图 2-2 基本集合的维恩图

2.1.6　集合关系

给定两个集合 A 和 B，我们定义三种基本集合关系如下：

（1）A 是 B 的子集，记做 $A \subseteq B$，当且仅当 $a \in A \rightarrow a \in B$。

（2）A 是 B 的真子集，记做 $A \subset B$，当且仅当 $A \subseteq B \wedge B - A \neq \varnothing$。

（3）A 和 B 是相等集合，记做 $A = B$，当且仅当 $A \subseteq B \wedge B \subseteq A$。

2.1.7　子集划分

集合的一个划分是一种非常特殊的情况，对于测试人员非常重要，划分在很多方面可以和日常生活类比：通过划分将一间办公室分成多个独立的个人办公室；根据政策划分，一个省可以分成若干个市。"划分"的含义是把一个整体分成小块，使得所有事物都在某个小块中，不会遗漏。

由于一个划分是一组子集，因此我们常常把单个子集看作是划分的元素。

"划分"的定义对于测试人员很重要，一方面保证整个集合的所有元素都在某个子集中，另一方面保证整个集合中没有元素在两个子集中。集合划分的维恩图就常常画成类似拼图的样子，如图 2-3 所示。

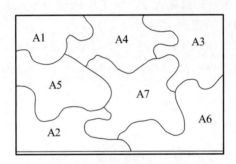

图 2-3　集合划分的维恩图

2.2　函　数

函数是软件开发和测试的核心概念，例如，整体功能分解范例就隐含使用了函数的数学概念，这里明确讨论这种概念，因为所有功能性测试的基础都是函数。

任何程序都可以看作是将其输出与输入关联起来的函数，用数学公式表示函数，输入的是函数的定义域，输出的是值域。

2.2.1　函数的定义

设 X, Y 是两个集合，f 是一个从 X 到 Y 的关系。如果对于每一个 $x \in X$，都有唯一的 $y \in Y$，使得 $<x, y> \in f$，则称关系 f 为 X 到 Y 的函数，记作 $f: X \rightarrow Y$。X 称作 f 的定义域，Y 称作 f

的值域（也称上域）。x 为函数的自变量，y 称为对应于 x 的函数值（或称映像），写作 $y = f(x)$，由所有映像组成的集合称为函数的值域。

例 2.1　判别下列关系中哪个能构成函数。

（1）$X = \{1, 2, 3, 4\}$，$Y = \{4, 5, 6\}$，当 $x \in X$，$y \in Y$，且 $x < y$ 时，有 $<x, y> \in f$

解：f 不是 X 到 Y 的函数。如对于元素 $2 \in X$，有 $<2, 4> \in f$，$<2, 5> \in f$，$<2, 6> \in f$，这说明 X 中元素 2 与 Y 中的 3 个元素对应，所以 f 不是 X 到 Y 的函数。

（2）设 N 是自然数的集合，f 是 N 到 N 的二元关系，对于 $x, y \in N$，$x + y < 100$。

解：f 不是 X 到 Y 的函数。因为 x 不能取定义域中的所有值，且 x 对应多个 y，故关系 f 不能构成函数。

（3）$X = \{1, 2, 3, 4, 5, 6, 7, 8, 9\}$，$Y = \{0, 1\}$，$f$ 为 X 到 Y 的关系，对于 X 中的元素 x 为偶数时，$<x, 0> \in f$，否则 $<x, 1> \in f$。

解：f 能构成函数，因为对于每一个 $x \in X$，都有唯一 $y \in Y$ 与它对应。

2.2.2　几种特殊的函数

1．满射函数

设函数 f: $X \rightarrow Y$，如果函数的值域为 Y，即 Y 中的每一个元素是 X 中一个或多个元素的映像，则称 f 为 X 到 Y 的满射函数。

设 f: $X \rightarrow Y$ 是满射函数，即对于任意的 $y \in Y$，必存在 $x \in X$，使得 $f(x) = y$ 成立。

例如：$A = \{1, 2, 3, 4\}$，$B = \{a, b, c\}$，如果 f: $A \rightarrow B$ 为 $f(1) = a$，$f(2) = c$，$f(3) = b$，$f(4) = c$，则 f 是满射函数。

2．单射函数

设函数 f: $X \rightarrow Y$，如果对于 X 中的任意两个元素 x_1 和 x_2，当 $x_1 \neq x_2$ 时，都有 $f(x_1) \neq f(x_2)$，则称 f 为 X 到 Y 的单（入）射函数。

例如：$A = \{1, 2, 3\}$，$B = \{a, b, c, d\}$，如果 f: $A \rightarrow B$ 为 $f(1) = a$，$f(2) = c$，$f(3) = b$，则 f 是单射函数。

3．双射函数

设函数 f: $X \rightarrow Y$，如果 f 既是满射又是单射函数，则称这个函数为双射函数。

例如：$A = \{1, 2, 3\}$，$B = \{a, b, c\}$，如果 f: $A \rightarrow B$ 为 $f(1) = a$，$f(2) = c$，$f(3) = b$，则 f 既是满射又是单射函数，所以是双射函数。

2.2.3　复合函数

假设有集合和函数，使得一个函数的值域是另一个函数的定义域

$$f: A \rightarrow B$$

$$g: B \rightarrow C$$

$$h: C \rightarrow D$$

如果出现这种情况，则可以合成函数，即为复合函数，为此，设引用集合定义域和值域的特定元素 $a \in A,\ b \in B,\ c \in C,\ d \in D$，并假设 $f(a) = b$，$g(b) = c$ 和 $h(c) = d$，则函数 g 和 f 的合成为

$$h \circ g \circ f(a) = h(g(f(a)))$$

$$= h(g(b))$$

$$= h(c)$$

$$= d$$

复合函数严格的数学定义：设函数 $f: X \rightarrow Y$，$g: Y \rightarrow Z$，f 和 g 的左复合函数 $g \circ f$ 是从 X 到 Z 的函数，$g \circ f(x) = g(f(x))$。由 f，g 得到 $g \circ f$ 的运算"$\circ$"称为复合运算。

例 2.2：设集合 $A = \{x,\ y,\ z\}$，$B = \{1,\ 2,\ 3,\ 4\}$，$C = \{a,\ b,\ c\}$。f 是 A 到 B 的函数，g 是 B 到 C 的函数，其中

$$f(x) = 2,\ f(y) = 3,\ f(z) = 3$$

$$g(1) = a,\ g(2) = c,\ g(3) = a,\ g(4) = b$$

求复合函数 $g \circ f$。

解：$g \circ f$ 为 A 到 C 的函数，且

$$g \circ f(x) = g(f(x)) = g(2) = c$$

$$g \circ f(y) = g(f(y)) = g(3) = a$$

$$g \circ f(z) = g(f(z)) = g(3) = a$$

设 f，g 为函数，$g \circ f$ 为 f 和 g 的左复合函数，则：

（1）若 f 和 g 是满射的函数，则 $g \circ f$ 是满射的函数。

（2）若 f 和 g 是单射的函数，则 $g \circ f$ 是单射的函数。

（3）若 f 和 g 是双射的函数，则 $g \circ f$ 是双射的函数。

2.2.4　逆函数

设 $f: X \rightarrow Y$ 是一个双射函数，则如果 $g: Y \rightarrow X$，对每一个 $y \in Y$ 有 $g(y) = x$ 且 $y = f(x)$，称 g 为 f 的逆函数，记作 $g = f^{-1}$。若 f 存在逆函数 f^{-1}，则称 f 是可逆的。

逆函数有如下定理：

定理　设 $f: X \rightarrow Y$ 是一个双射函数，则逆函数 f^{-1} 是 $Y \rightarrow X$ 的双射函数。

定理　设 $f: X \rightarrow Y$ 是一个双射函数，则逆函数 $(f^{-1})^{-1} = f$。

证明　由定理 5.2 可知 $f^{-1}: Y \rightarrow X$ 是双射函数，所以它的逆函数 $(f^{-1})^{-1}$ 存在，也为双射函数。

对任意 $x \in X$ ，$f(x) = y$ 且 $f^{-1}(y) = x$ ，因为 $f^{-1}(y) = x$ ，所以

$$(f^{-1})^{-1}(x) = y$$

即对一切的 $x \in X$ ，都有 $f(x) = (f^{-1})^{-1}(x)$ 。

函数合成在软件开发中是一种常见的实践，在定义过程和子过程的过程中是经常出现的。

2.3 测试人员的图论

2.3.1 图的定义及相关特性

图论是拓扑学的一个分支，对计算机科学来说，图论是最有用的数学部分，测试人员要掌握好两种图，无向图和有向图。

什么是图？可用一句话概括，即：图是用点和线来刻画离散事物集合中的每对事物间以某种方式相联系的数学模型。因为它显得太抽象，不便于理解，所以有必要给出另外的回答。下面便是把图作为代数结构的一个定义。

定义 2.1　一个图 G 定义为一个三元组 $<V, E, \phi>$ ，记作 $G = <V, E, \phi>$ 。其中，V 是个非空有限集合，它的元素称为结点；E 也是个有限集合，其元素称为边；而 ϕ 是从 E 到 V 中的有序对或无序对的映射。

由定义可知，图 G 中的每条边都与图中的无序或有序结点对相联系的。若边 $e \in E$ 与无序结点对 $[v_i, v_j]$ 相联系，则 $\phi(e) = [v_i, v_j]$ $\phi(e) = [vi, vj]$ ，这时边 e 称为无向边，有时简称为边；若边 $e \in E$ 与有序结点对 $<v_i, v_j>$ 相联系，则 $\phi(e) = <v_i, v_j>$ ，此时边 e 称为有向边或弧，v_i 称为弧 e 的始结点，v_j 称为弧 e 的终结点。

若结点 v_i 与 v_j 由一条边（或弧）e 所连接，则称结点 v_i 和 v_j 是边（或弧）e 的端结点；同时也称结点 v_i 与 v_j 是邻接结点，记作 v_i adj v_j ；否则为非邻接结点，记作 v_i nadj v_j vi nadj vj ；也说边（或弧）e 关联 v_i 与 v_j 或说结点 v_i 与 v_j 关联边（或弧）e 。关联同一个结点的两条边或弧称为邻接边或弧。而连接一结点与它自身的一条边，称为环。环的方向是无意义的。

如果把图 G 中的弧或边总看作连接两个结点，则图 G 可简记为 $G = <V, E>$ ，其中 V 是非空结点集，E 是连接结点的边集或弧集。

定义 2.2　在图 $G = <V, E>$ 中，如果每条边都是弧，该图称为有向图；若每条边都是无向边，该图 G 称为无向图；如果有些边是有向边，另一些边是无向边，图 G 称为混合图。

定义 2.3　在图 $G = <V, E>$ 中，如果任何两结点间不多于一条边（对于有向图中，任何两结点间不多于一条同向弧），并且任何结点无环，则图 G 称为简单图；若两结点间多于一条边（对于有向图中，两结点间多于一条同向弧），图 G 称为多重图，并把连接两结点之间的多条边或弧，称为平行边或弧，平行边或弧的条数称为重数。

定义 2.4　给每条边或弧都赋予权的图 $G = <V, E>$ ，称为加权图，记为 $G = <V, E, W>$ ，其中 W 表示各边之权的集合。

加权图在实际中有许多应用，如在输油管系统图中权表示单位时间流经管中的石油数量；在城市街道中，权表示通行车辆密度；在航空交通图中，权表示两城市的距离等。

定义 2.5　在无向图 $G = <V,\ E>$ 中，如果 V 中的每个结点都与其余的所有结点邻接，即

$$(\forall v_i)(\forall v_j)(v_i,\ v_j \in V \rightarrow [v_i,\ v_j] \in E)$$

则该图称为无向完全图，记作 $K|V|$。若 $|V| = n$，该图记作 Kn。

在一个图中，如果一个结点不与任何其他结点邻接，则该结点称为孤立结点。仅有孤立结点的图称为零图。显然，在零图中边集为空集。若一个图中只含一个孤立结点，该图称为平凡图。

定义 2.6　在有向图 $G = <V,\ E>$ 中，对任意结点 $v \in V$，以 v 为始结点的弧的条数，称为结点 v 的出度，记为 $d+(v)$；以 v 为终结点的弧的条数，称为 v 的入度，记作 $d-(v)$；结点 v 的出度与入度之和，称为结点的度数，记为 $d(v)$，显然 $d(v) = d+(v) + d-(v)$。

对于无向图 $G = <V,\ E>$，结点 $v \in V$ 的度数等于连接它的边数，也记为 $d(v)$。若 v 点有环，规定该点度数因环而增加 2。

显然，对于孤立结点的度数为零。

此外，对于无向图 $G = <V,\ E>$，记

$$\Delta(G) \text{ 或 } \Delta = \max\{d(v) \,|\, v \in V\}$$

$$\delta(G) \text{ 或 } \delta = \min\{d(v) \,|\, v \in V\}$$

它们分别称为图 G 的最大度和最小度。

关于无向图中的结点的度，欧拉给出一个定理，这是图论中的第一个定理。

定理 2.1　给定无向图 $G = <V,\ E>$，则

$$\sum_{v \in V} d(v) = 2|E|$$

定理 2.2　在任何无向图中，奇度结点的数目为偶数。

定义 2.7　在无向图 $G = <V,\ E>$ 中，如果每个结点的度是 k，即 $(\forall v)(v \in V \rightarrow d(v) = k)$，则图 G 称为 k 度正则图。

显然，对于 k 度正则图 G，$\Delta(G) = \delta(G) = k$。

定义 2.8　给定无向图 $G_1 = <V_1,\ E_1>$ 和 $G_2 = <V_2,\ E_2>$，于是

（1）如果 $V_2 \subseteq V_1$ 和 $E_2 \subseteq E_1$，则称 G_2 为 G_1 的子图，记为 $G_2 \subseteq G_1$。

（2）如果 $V_2 \subseteq V_1$，$E_2 \subseteq E_1$ 且 $E_2 \neq E_1$，则称 G_2 为 G_1 的真子图，记为 $G_2 \subset G_1$。

（3）如果 $V_2 = V_1$，$E_2 \subseteq E_1$，则称 G_2 为 G_1 的生成子图，记为 $G_2 \underset{v_2 = v_1}{\subseteq} G_1$。

定义 2.9　给定图 $G = <V,\ E>$，若存在图 $G_1 = <V,\ E_1>$，并且 $E_1 \cap E = \varnothing$ 和图 $<V,\ E_1 \cup E>$ 是完全图，则 G_1 称为相对于完全图的 G 的补图，简称 G_1 是 G 的补图，并记为 $G_1 = \bar{G}$。显然，G 与 $\bar{G}$ 互为补图。

在图的定义中，强调的是结点集、边集以及边与结点的关联关系，既没有涉及连接两个结点的边的长度、形状和位置，也没有给出结点的位置或者规定任何次序。因此，对于给定的两个图，在它们的图形表示中，即在用小圆圈表示结点和用直线或曲线表示连接两个结点的边的图解中，看起来有多种形式，但实际上却是表示同一个图。因而，引入两图的同构概念便是十分必要的了。

定义 2.10　给定无向图(或有向图)$G_1 = <V_1, E_1>$ 和 $G_2 = <V_2, E_2>$。若存在双射 $f \in V_2 V_1$，使得对任意 $v, u \in V_1$，有 $[u, v] \in E_1 \Leftrightarrow [f(u), f(v)] \in E_2$（或 $<u, v> \in E_1 < f(u), f(v)> \in E_2$）则称 G_1 同构于 G_2，记为 $G_1 \equiv G_2$。

显然，两图的同构是相互的，即 G_1 同构于 G_2，G_2 同构于 G_1。

由同构的定义可知，不仅结点之间要具有一一对应关系，而且要求这种对应关系保持结点间的邻接关系。对于有向图的同构还要求保持边的方向。

根据图的同构定义，可以给出图同构的必要条件如下：

（1）结点数目相等；

（2）边数相等；

（3）度数相同的结点数目相等。

但这仅仅是必要条件而不是充分条件。例如图 2-4 中（a）与（b）满足上述三个条件，然而并不同构。因此在（a）中度数为 3 的结点 x 与两个度数为 1 的结点邻接，而（b）中度数为 3 的结点 y 仅与一个度数为 1 的结点邻接。

寻找一种简单有效的方法来判定图的同构，至今仍是图论中悬而未决的重要课题。

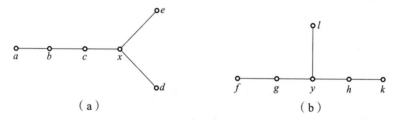

（a）　　　　　　　　　　　　（b）

图 2-4　链（或路）与圈（或回路）

在无向图（或有向图）的研究中，常常考虑从一个结点出发，沿着一些边（或弧）连续移动而达到另一个指定结点，这种依次由结点和边（或弧）组成的序列，便形成了链（或路）的概念。

定义 2.11　给定无向图（或有向图）$G = <V, E>$。令 $v_0, v_1, \cdots, v_m \in V$，边（或弧）$e_1, e_2, \cdots, e_m \in E$，其中 $v_i - 1$，v_i 是 e_i 的结点，交替序列 $v_0 e_1 v_1 e_2 v_2 \cdots e_m v_m$ 称为连接 v_0 到 v_m 的链（或路）。v_0 和 v_m 分别称为链（或路）的始结点和终结点，而边（或弧）的数目称为链（或路）的长度。若 $v_0 = v_m$ 时，该链（或路）称为圈（或回路）。

定义 2.12　在一条链（或路）中，若出现的边（或弧）都是不相同的，称该链（或路）为简单链（或简单路）；若出现的结点都是不相同的，称该链（或路）为基本链（或基本路）。

显然，每条基本链（或基本路）必定是简单链（或简单路）。

定义 2.13　在一圈（或回路）中，若出现的每条边（或弧）恰好一次，称该圈（或回路）为简单圈（或简单回路）；若出现的每个结点恰好一次，称该圈（或回路）为基本圈（或基本回路）。可以看出，对于简单图来说，链（或路）和圈（或回路）能够仅用结点序列表示。

定理 2.3　在一个图中，若从结点 v_i 到结点 v_j 存在一条链（或路），则必有一条从 v_i 到 v_j 的基本链（或基本路）。

定理 2.4　在一个具有 n 个结点的图中，则

（1）任何基本链（或回路）的长度均不大于 $n-1$。

（2）任何基本圈（或回路）的长度均不大于 n。

2.3.2　图的连通性

1. 无向图的连通性

定义 2.14　设图 G 是无向图，u 和 v 是图 G 中的两个结点，如果 u 和 v 之间有通路，则称 u，v 是连通的，并规定 u 与自身是连通的。

定义 2.15　若图 G 是平凡图或 G 中任意两点都是连通的，则称图 G 为连通图，否则称 G 为非连通图或分离图。

定义 2.16　设无向图 $G = <V, E>$ 为连通图，若存在非空点集 $V' \subset V$，使图 G 删除了 V' 的所有结点后，所得到的子图是不连通图，而删除 V' 的任何真子集后，得到的子图仍然是连通图，则称 V' 是 G 的一个点割集。若某一个结点构成一个点割集，则称该结点为割点。

定义 2.17　设无向图 $G = <V, E>$ 为连通图，若存在非空边集 $E' \subset E$，使图 G 删除了 E' 的所有边后，所得到的子图是不连通图，而删除 E' 的任何真子集后，得到的子图仍然是连通图，则称 E' 是 G 的一个边割集。若某一个边构成一个边割集，则称该边为割边（或桥）。

定理 2.5　对于任何图 G，都有下面不等式成立：

$$k \leqslant \lambda \leqslant \delta$$

其中，k、λ、δ 分别为 G 的点连通度、边连通度和结点的最小度。

定理 2.6　一个无向连通图 G 中的结点 w 是割点的充分必要条件是存在两个结点 u 和 v，使得结点 u 和 v 的每一条路都通过 w。

2. 有向图的连通性

定义 2.18　在有向图 $G = <V, E>$ 中，若从结点 u 到 v 有通路，则称 u 可达 v。

定义 2.19　有向图的连通性分为强连通、单向连通和弱连通三种。

定义 2.20　设 G 是有向图，G' 是其子图，若 G' 是强连通的（单向连通的，弱连通的），且没包含 G' 的更大的强连通（单向连通，弱连通）子图，则称 G' 是 G 的极大强连通子图（极大单向连通子图，极大弱连通子图），也称为强分支（单向分支，弱分支）。

关键路径定义：在计划评审图中，关键路径是从发点到收点的通路中权和最大的路径。处于关键路径上的结点称为关键状态，处于关键路径上的边称为关键活动或关键工序。

定义 2.21　设计划评审图 G，任意的 $v_i \in V(G)$，称从发点沿着关键路径到达 v_i 所需的时间，称为 v_i 的最早完成的时间，记作 $T_E(v_i)$。

定理 2.7　设 $P_E = \{v | T_E(v)$ 已经算出$\}$，$T_E = V - P_E$，若 $T_E \neq \phi$，则存在 $v \in T_E$，使得

$$T_E \subseteq P_E$$

定义 2.22　在保证收点 v_n 的最早完成时间 $T_E(v_n)$ 不增加的条件下，自发点 v_1 最迟到达 v_i 所需要的时间，称为 v_i 的最晚完成时间，记作 $T_L(v_i)$。

2.3.3 图的矩阵表示

1. 图的邻接矩阵表示

定义 2.23 设图 G 的结点集合为 V，边集为 E，且 $V = \{v_1, v_2, \cdots, v_n\}$，令

$$a_{ij} = \begin{cases} 1 & <v_i, v_j> \in E \\ 0 & <v_i, v_j> \in E \end{cases}$$

则称矩阵 $A = [a_{ij}]$ 为图 G 的邻接矩阵。

定义 2.24 设 n 阶简单有向图 $G = <V, E>$，$V = \{v_1, v_2, \cdots, v_n\}$ 令

$$P_{ij} = \begin{cases} 1 & v_i \text{ 可达 } v_j, \\ 0 & \text{否则}, \end{cases}$$

则称矩阵 $P = [p_{ij}]$ 为图 G 的可达矩阵。记作 $P(G)$，简记为 P。

2. 图的关联矩阵表示

定义 2.25 设无环无向图 $G = <V, E>$，$V = <v_1, v_2, \cdots, v_n>$，$E = \{e_1, e_2, \cdots, e_m\}$，则矩阵 $M(G) = (m_{ij})n \times m$，其中 $m_{ij} = \begin{cases} 1, & \text{若 } v_i \text{ 关联 } e_j \\ 0, & \text{若 } v_i \text{ 不关联 } e_j \end{cases}$，称 $M(G)$ 为完全关联矩阵。

定义 2.26 设简单有向图 $G = <V, E>$，$V = \{v_1, v_2, \cdots, v_n\}$，$E = \{e_1, e_2, \cdots, e_m\}$，则矩阵 $M(G) = (m_{ij})n \times m$，其中 $m_{ij} = \begin{cases} 1 & \text{若在 } G \text{ 中 } v_i \text{ 是 } e_j \text{ 的起点} \\ -1 & \text{若在 } G \text{ 中 } v_i \text{ 是 } e_j \text{ 的终点}, \text{ 称 } M(G) \text{ 为 } G \text{ 的完全关联矩阵。} \\ 0 & \text{若在 } G \text{ 中 } v \text{ 与 } e \text{ 不关联} \end{cases}$

2.3.4 树

1. 无向树

定义 2.27 设 T 是无回路的无向简单连通图，则称 T 为无向树，或简称为树。在树中，度数为 1 的点称为树叶，度数大于 1 的点称为内结点或分枝点。

定理 2.8 设 T 是含 n 个结点和 m 条边的简单无向图，则下列各结论都是等价的，都可作为无向树的定义。

（1）T 连通且无回路。

（2）T 中任意两个不同的结点间，有且仅有一条通路相连。

（3）T 无回路且 $n = m+1$。

（4）T 连通且 $n = m+1$。

（5）T 连通，但删去树中任意一条边，则变成不连通图。

（6）T 连通且无回路，若在 T 中任意两个不邻接的结点中添加一条边，则构成的图包含唯一的回路。

2. 生成树与最小生成树

定理 2.9　一条回路和任何一棵生成树的补图至少有一条公共边。

定理 2.10　有一个边割集和任何生成树至少有一条公共边。

定义 2.28　在图的所有生成树中，树权之和最小的生成树，称为最小生成树。

定理 2.11　设图有 n 个结点，可用下面的算法产生最小生成树。

（1）选取最小边 e_1，设边数 $k=1$；

（2）若 $k=n-1$，结束，否则转（3）；

（3）设已选择边为 e_1，e_2，$\cdots$，e_k，在 G 中选择不同于 e_1，e_2，$\cdots$，e_k 的边 e_{k+1}，使 e_{k+1} 是满足 $\{e_1,\ e_2,\ \cdots,\ e_k,\ e_{k+1}\}$ 中无回路的权最小的边。

（4）$k=k+1$，转（2）。

定义 2.29　如果一个有向图的底图为无向树，则该有向图称为有向树。

定义 2.30　在有向树 T 中，如果有且仅有一个入度为 0 的点，其他点的入度均为 1，则称有向树 T 为有根树，简称根树。入度为 0 的点称为根，出度为 0 的点称为树叶或叶片，出度不为 0 的点称为分枝点或内结点。

定义 2.31　根树包含一个或多个结点，这些结点中某一个称为根，其他所有结点被分成有限个子根树。

定义 2.32　在根树中，如果每一个结点的出度小于或等于 k，则称这棵树为 k 叉树；若每一个结点的出度恰好等于 k 或零，则称这棵树为完全 k 叉树；若所有树叶的层次相同，称为正则 k 叉树；当 $k=2$ 时，称为二叉树。

2.4　用于测试的图

本章介绍几种特殊的用于测试的图。一种是程序图，主要用于单元测试层次，另外两种图是有限状态机和状态图，这两种主要用于描述系统级行为，当然也可用于较低层次测试。

2.4.1　程序图

下面给出在软件测试中的最常使用的图，即程序图。为了更好地联系现有的测试文献，我们先给出传统定义，然后给出经过改进的定义。

1. 传统定义

结点是程序语句、边表示控制流（从结点 i 到结点 j 有一条边，当且仅当对应结点 j 的语句可以立即在结点 i 对应的语句之后执行）。

2. 经过改进的定义

结点要么是整个语句，要么是语句的一部分，边表示控制流（从结点 i 到结点 j 有一条边，当且仅当对应结点 j 的语句或语句的一部分，可以立即在结点 i 对应的语句或语句的一部分之后执行）。

总是说"语句或语句的一部分"很麻烦，因此我们约定语句的一部分也可以是整个语句。程序的有向图公式化能够非常准确地描述程序测试方面的问题，基本结构化程序设计的构造（串行选择和反复）都具有清晰的有向图，如图 2-5 所示。

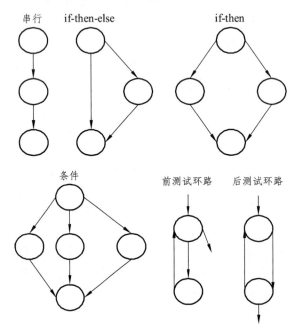

图 2-5　结构化程序设计构造的有向图

当把这些结构用于结构化程序中，对应的图要么是嵌套的，要么是压缩的，但单入口、单出口的评判准则要求在程序图中有唯一的源结点和唯一的汇结点。

程序图的一个问题是如何处理非可执行语句，例如注释和数据说明语句，最简单的回答是不考虑这些语句。

2.4.2　有限状态机

有限状态机已经成为需求规格说明的一种相当标准的表示方法，所有结构化分析的扩展，都要使用某种形式的有限状态机，并且几乎所有的面向对象分析也都要用到有限状态机，有限状态机是一种有向图，其中状态是结点，转移是边，源状态和吸收状态是初始结点和终止结点，路径被建模为通路，等等。大多数有限状态机表示方法都要为边增加信息，以指示转移的原因和作为转移的结果要发生的行为。

图 2-6 所示是一个简单的自动柜员机（SATM）系统。用于个人标识编号（PIN）尝试部分的有限状自动机，这种机器包含 5 个状态（空闲、等待第一次 PIN 输入尝试等）和 8 个用边表示的转移，转移上的标签用分子表示转移的事件，分母是与该转移关联的行为，转移不能无缘由的发生，但是可以没有行动，有限状态机是表示可能发生的各种事件，以及发生产

生结果的简单方法，例如，在 SATM 系统的 PIN 输入部分中，客户有三次机会输入正确的 PIN 数字，如果第一次就输入正确的 PIN，则 SATM 系统会采取输出行为，显示屏幕 S5（提示客户选择事务类型）；如果输入的 PIN 不正确，则机器会进入一个不同的状态，等待第二次 PIN 尝试。请注意，等待第二次 PIN 尝试状态转移时的事件和行为，与第一次转移的事件和行为相同，这就是有限状态机保留过去事件历史的方式。

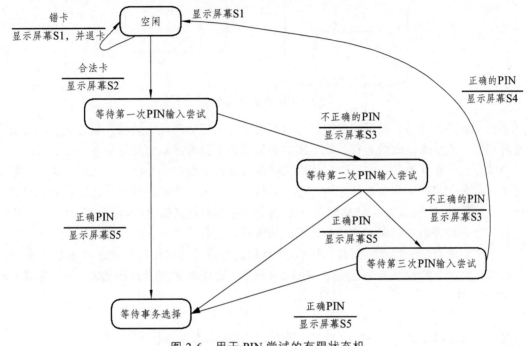

图 2-6　用于 PIN 尝试的有限状态机

　　要使有限状态机可以执行，首先要定义一些约定，一条约定是活动状态的概念，说系统处于一定状态，如果系统被建模为有限状态机，则活动状态是指" 我们所处"的状态；另一条约定是有限状态机所处的初始状态，即最初进入该有限状态机时的活动状态，在任何时间只能有一个状态是活动的，还可以把转移看作是瞬间发生，引起转移的事件也是一次发生一个，为了执行有限状态机，要从初始状态开始，并提供引起状态转换的事件序列，每次事件发生时，转移都会改变活动状态，并发生新的事件。通过这种方式，一系列事件会选择通过有限状态机的路径。

2.4.3　状态图

　　David Harel 在开发状态图表示法时考虑到两个功能：维恩图描述层次结构的能力以及有向图描述连通性的能力。于是他将这两种能力结合在一起，开发出一种可视化标示法，这些能力为一般有限状态机的"状态爆炸"问题提供了一种理想的答案，所产生的结果是高度精巧和非常精确的标记，能够由商业化的计算机辅助软件工程（CASE）工具支持，状态图被 Rational 公司选为统一建模语言（UML）的控制模型。

　　Harel 使用与方法无关的术语"团点"表示状态图的基本构件块，团点可以像维恩图显示集合包含那样地包含其他团点，团点还可以像在有向图中通过边连接结点一样地连接其他团点，如图 2-7 所示，团点 A 包含两个团点（B 和 C），通过边连接团点 D。

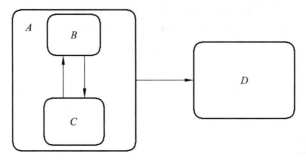

图 2-7　状态图中的团点

类似 Harel 的意图，我们可以把团点解释为状态，把边解释为转移，状态图与一般有限状态机相比，能够更精细的运行，状态图的初始状态由没有源状态的边表示。

当状态嵌入在其他状态内部时，使用同样的方式显示低层初始状态，在图 2-8 中，状态 A 是初始状态，当进入到这个状态时，也进入低层状态 B，当进入某个状态时，我们可以认为该状态是活动的，从状态 A 转移到状态 D 初看起来是有歧义的，因为没有区分状态 B 和 C，约定是，边必须开始和结束于状态的外围，如果状态包含子状态，就像图 2-8 中的 A 一样，边会"引用"所有的子状态，因此，从 A 到 D 的边意味着转移可以从状态 B 或从状态 C 发生。如果有从状态 D 到状态 A 的边，如图 2-9 所示，则用 B 来表示初始状态，即转移是从状态 D 到状态 B。

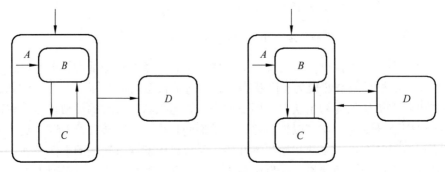

图 2-8　状态图中的初始状态　　　　图 2-9　进入子状态的默认入口

第 3 章　软件测试过程

3.1　概　述

软件测试是一个极为复杂的活动，它贯穿于软件开发的整个生存周期中。规范的软件测试包含五个阶段，分别是测试计划、测试设计、测试开发、测试执行和测试评估五个阶段。

测试对象也不仅仅是程序代码，而开发过程中产生的所有软件产品，甚至是产品使用说明也包括在内。

要更好地进行软件测试，我们必须了解测试与软件开发各阶段的关系，掌握软件测试的过程与策略。

软件测试是一项有计划、有组织和有系统的软件质量保证活动，要使测试活动顺利进行，必须首先制订测试计划。

3.2　测试与软件开发各阶段的关系

在软件开发活动中，软件测试应该从软件生命周期的第一个阶段开始，并且贯穿于整个软件开发的生命周期。软件生存周期的各个阶段中都少不了相应的测试。软件开发过程是一个自顶向下、逐步细化的过程，而测试过程则是依相反的顺序安排的自底向上、逐步集成的过程。低一级测试为上一级测试准备条件。测试和软件开发各阶段的关系如图 3-1 所示。

在软件开发生命周期的几个阶段，测试团队所进行的测试都是为了尽早发现系统中存在的缺陷。在软件的每个生命周期，软件都有相对应的阶段性的输出结果，如需求分析说明书、概要设计说明书、详细设计说明书以及源程序等，而所有的这些输出结果都应成为被测试的对象。测试过程包括了软件开发生命周期的每个阶段。

其中在需求分析阶段，测试工作的重点是要确认需求定义是否符合用户的需要，并制订测试计划；在设计阶段，重点要确定概要设计说明书、详细设计说明书是否符合需求定义，以确保集成测试计划和单元测试计划完成；在编码阶段，主要由开发人员进行自己负责的代码的单元测试；在测试阶段，通过各种类型的测试，查出软件设计中的错误并改正，确保软件的质量，并在用户参与的情况下进行软件的验收，验收合格后，才可交付使用。在维护阶段，要重新测试系统，以确定更改的部分和没有更改的部分是否都正常工作。

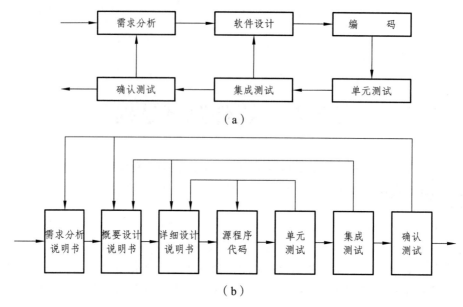

（a）

（b）

图 3-1　软件测试与软件开发过程的关系

3.3　软件测试的过程与策略

3.3.1　软件测试的基本步骤

软件测试过程按测试的先后次序可分成 5 个步骤进行：单元测试、集成测试、确认测试、系统测试，最后进行验收测试，如图 3-2 所示。其中，确认测试、系统测试和验收测试可能交叉与前后互换。

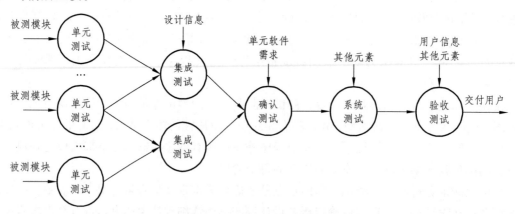

图 3-2　软件测试的基本步骤

单元测试是软件开发过程中要进行的最低级别的测试活动，是对软件设计的最小单元正确性检验的测试工作，又称模块测试，目的是保证每个模块作为一个单元能够正确运行。集成测试是将经过单元测试的模块按设计要求连接起来进行测试。确认测试又称有效性测试，它的任务是验证软件的有效性，即验证软件的功能和性能及其他特性是否与用户的要求一致。

集成测试通过以后，软件已经被组装成一个软件包，这时就要进行系统测试了。系统测试是针对整个产品系统进行的测试，目的是验证系统是否满足了需求规格的定义，找出与需求规格不符或与之矛盾的地方，从而提出更加完善的方案。系统测试应该按照用户的角度考虑问题，因此，对测试人员的技术要求较高，不仅需要掌握测试相关专业知识，还需对所涉及领域有一定了解，且须具有捕捉问题的能力及较为丰富的经验。

系统测试完成后，并使系统试运行了预定的时间，应进行验收测试。

由于软件开发设计人员在软件开发设计时，不可能完全预见用户实际使用软件系统的情况。因此，软件是否真正满足最终用户的要求，应由用户进行一系列"验收测试"。而一个软件产品可能拥有众多用户，不可能由每个用户验收，此时多采用称为 α、β 测试的过程，以发现那些似乎只有最终用户才能发现的问题。

α 测试是指软件开发公司组织内部人员模拟各类用户行为对即将面市的软件产品（称为 α 版本）进行测试，试图发现错误并修正。α 测试的关键在于尽可能逼真地模拟实际运行环境并尽最大努力涵盖所有可能的用户操作方式。经过 α 测试调整的软件产品称为 β 版本。β 测试是指软件开发公司组织各方面的典型用户在日常工作中实际使用 β 版本，并要求用户报告异常情况，提出批评意见。然后软件开发公司再对 β 版本进行改错和完善。

所以，一些软件开发公司把 α 测试看成是对一个早期的、不稳定的软件版本所进行的验收测试，而把 β 测试看成是对一个晚期的、更加稳定的软件版本所进行的验收测试。

3.3.2　测试用例设计

测试用例（Test Case）是为某个特殊目标而编制的一组测试输入、执行条件以及预期结果的条件或变量，以便测试某个程序路径或核实是否满足某个特定需求。测试用例构成了设计和制订测试过程的基础。软件测试的本质就是针对要测试的内容确定一组测试用例。

一个好的测试用例应遵循如下原则：

1. 基于规范的测试用例

测试用例应符合相关文档中的关于程序的每一个声明，例如设计规范、需求列表、用户接口描述、发布原型或者用户手册等。

2. 基于风险的测试用例

设计测试用例前，应先设想程序失败的一个情形，然后设计一个或多个测试来检查这个程序是否真的会在那种情形下失败。

一个完美的基于风险测试的集合应该基于一个详尽的风险列表，一个每种情形都能使程序失败的列表。一个好的基于风险的测试是一个致力于解决特定风险测试的一个典型代表。基于风险的测试在于传递高度的信息价值，我们能从程序能否通过测试中学到很多东西。

3. 尽量避免含糊的测试用例

设计测试用例时，应尽量避免含糊的测试用例。含糊的测试用例会给测试过程带来困难，甚至会影响测试的结果。

通常情况下，在执行测试过程中，良好的测试用例一般会有两种状态：通过（Pass）、未通过（Failed）或未进行测试（Not Done）。如果测试未通过，一般会有测试的错误（bug）报告进行关联，如未进行测试，则需要说明原因（测试用例本身的错误、测试用例目前不适用、环境因素等）。因此，清晰的测试用例使测试人员在测试过程中不会出现模棱两可的情况，不能说这个测试用例部分通过，部分未通过，或者是从这个测试用例描述中未能找到问题，但软件错误应该出现在这个测试用例中。这样的测试用例将会给测试人员的判断带来困难，同时也不利于测试过程的跟踪。

4. 将测试用例抽象归类

由于软件测试过程中是无法进行穷举测试的，因此，对功能类似的测试用例的抽象过程显得尤为重要，一个好的测试用例应该能代表一组组或者一系列的测试过程。

5. 尽量避免冗长和复杂的测试用例

在一些比较复杂的测试用例设计过程中，应将测试用例进行合理的分解，确保在测试执行过程中测试用例输入状态的唯一性，从而便于跟踪和管理。

测试用例的设计除了要遵循前面提到的基本原则外，还至少应该包括如下几个基本信息：① 在执行测试用例之前，应满足的前提条件；② 输入（合理的、不合理的）；③ 预期输出（包括后果和实际输出）。

图 3-3 所示显示了一个典型的测试用例所应该具有的基本信息。

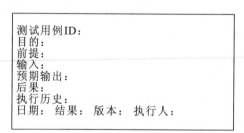

测试用例ID：
目的：
前提：
输入：
预期输出：
后果：
执行历史：
日期： 结果： 版本： 执行人：

图 3-3 典型的测试用例的基本信息

测试用例是测试工作的核心，应该尽量设计的周密细致，这样才能更好地保证测试工作的质量。下面以一个实现登录功能的小程序的测试用例设计来说明这一点。

如图 3-4 所示，在该程序中，它允许用户选择城市和地区，输入自己的账号和密码，并能通过"Alt+F4"组合键和"Exit"按钮来终止程序，"Tab"键在区域中间移动。

下面根据组成页面的具体元素，分别从几个方面设计了一些比较全面的测试用例：

（1）下拉框和输入框测试用例，具体设计如表 3-1 所示。

图 3-4　登录窗口

表 3-1　下拉框和输入框测试用例

测试内容		输入操作	预期输出	实际结果
下拉框		未和后台数据库绑定（显示列表元素固定）	不允许列表中出现 NULL 现象，固定"—请选择--"	
		已和后台数据库绑定（显示列表元素活动）	不允许列表中出现 NULL 现象，固定"—请选择--"	
输入框	限定字符型输入	12、6	无	
		#、*等	错误提示	
	限定型数字输入	测试数据	无	
		12 月、7*、0	错误提示	

（2）功能测试用例设计，如表 3-2 所示。

表 3-2　功能测试用例

用　例	应产生行为	结果	失败原因
1.基本功能测试			
1.1 在输入框内输入资料并且执行存储	程序必须能够接受使用者的输入并且将输入值存在登录文件内		
1.2 在输入框内不输入资料但执行储存	程序必须能够检查使用者输入是否为空白，同时必须能够告知使用者原因		
1.3 检查 City 字段储存结果	City 字段输入后存入 cookies		
1.4 检查 Area 字段储存结果	Area 字段输入后存入 cookies		
1.5 检查 ID 字段储存结果	ID 字段输入后存入 cookies		
……			
2.使用接口功能测试			
2.1 检查输入字段的输入值	必须组织使用者输入空白，同时部分字段只能输入数字		
2.2 检查使用者接口的 Tab Order	所有的 Tab Order 必须按照正常顺序		
2.2 检查所有的 Button	所有的 Button 必须能够起作用		
2.3 检查所有的 Hot Key	所有的 Hot Key 必须能够起作用		

（3）各种错误数据的测试用例设计，如表 3-3 所示。

表 3-3　错误数据的测试用例

测试内容	输入操作		预选测试数据	预期输出	实际结果
点击登录按钮	不完整的数据	City，Area，ID，pswd	略	提示错误对话框	
	不正确的数据	City，Area，ID，pswd	略	提示错误对话框	
回车操作	不完整的数据	City，area，ID，pswd	略	提示错误对话框	
点击"退出"按钮	无	无	无	关闭当前应用系统	

（4）特殊测试用例设计，如表 3-4 所示。

表 3-4　特殊测试用例

测试内容	输入操作	预选测试数据	预期输出
操作焦点逃逸	连续 Tab 切换，察看异常	无	焦点可准确回归当前操作窗口
分配内存不足	启动多个应用程序或模拟多个程序运行	无	是否可以正常运行
网络断线	切断网络连接	无	是否可正常抛出异常

3.3.3　程序的静态测试

所谓静态测试（Static Testing）是指不运行被测程序本身，仅通过分析或检查源程序的文法、结构、过程、接口等来检查程序的正确性，以发现编写的程序的不足之处，减少错误出现的概率。

静态测试主要包括代码检查、静态结构分析、代码质量度量等。它可以由人工进行，充分发挥人的逻辑思维优势，也可以借助软件工具自动进行。

静态测试阶段的任务有：

（1）检查算法的逻辑正确性。

（2）检查模块接口的正确性。

（3）检查输入参数是否有正确性检查。

（4）检查调用其他模块的接口是否正确。

（5）检查是否设置了适当的出错处理。

（6）检查表达式、语句是否正确，是否含有二义性。

（7）检查常量或全局变量使用是否正确。

（8）检查标识符的使用是否规范一致。

（9）检查程序风格的一致性、规范性。

（10）检查代码是否可以优化，算法效率是否可以提高。

（11）检查代码注释是否完整，是否正确反映了代码的功能。

静态测主要包括：

1. 产品说明书检查

产品说明书是对产品的介绍和说明，包括外观、用途、性质、性能、原理、构造、规格、使用方法、保养维护、注意事项等内容。产品说明书应在用户需求评审会召开后，进行概要设计前进行。

由于对测试人员而言，他们的主要任务就是尽早找出软件缺陷，而产品说明书是导致软件缺陷的最主要原因。因此，只有对产品说明书进行详细地检查，确认产品需要实现的功能，才能拟定切实可行的测试方案。

在检查产品说明书时，应站在一定的高度进行审查，发现产品说明书是否存在根本性的问题、疏忽和遗漏之处。首先应从客户的角度来看待和使用软件，其次应研究现有规范和标准，以此来进行审查，主要任务是检查说明书是否套用了正确的标准，有无遗漏；最后，还应审查和测试同类软件，这对于测试条件和测试方法的设计很有帮助，还可以帮助找出原来没有发现的潜在的问题。

2. 代码检查

代码检查是一种对程序代码进行的静态检查，包括代码走查、桌面检查、代码审查等，主要检查代码和设计的一致性，代码对标准的遵循、可读性，代码的逻辑表达的正确性，代码结构的合理性等方面。代码检查的具体内容包括变量检查、命名和类型检查、程序逻辑审查、程序语法检查和程序结构检查等内容。通过代码检查可以发现违背程序编写标准的问题，以及程序中不安全、不明确和模糊的部分，找出程序中不可移植部分、违背程序编程风格的问题。在实践中代码检查通常能发现 30%～70% 的逻辑设计和编码缺陷。

3. 静态结构分析

静态结构分析主要是以图形的方式表现程序的内部结构。例如函数调用关系图、函数内部控制流图等。

4. 代码质量度量

软件的质量是软件属性的各种标准度量的组合，包括功能性、可靠性、易用性、效率、可维护性和可移植性。各种高质量的代码和良好的编码实现方式可以使代码更稳固，且更于维护。

针对软件的可维护性，目前业界主要存在三种度量参数：Line 复杂度、Halstead 复杂度和 McCabe 复杂度。其中 Line 复杂度以代码的行数作为计算的标准；Halstead 复杂度以程序中使用到的运算符和运算元数量作为计数目标（直接测量指标），然后可以据此计算出程序容量、工作量等；McCabe 复杂度一般称为圈复杂度，它将软件的流程图转化为有向图，然后用图论来衡量软件的质量。

3.3.4　调试（Debug，排错）

软件调试是在进行了成功的测试之后才开始的工作。它与软件测试不同，测试的目的是尽可能多地发现软件中的错误，调试的任务则是进一步诊断和改正程序中潜在的错误。

调试活动由两部分组成：

（1）确定程序中可疑错误的确切性质和位置。

（2）对程序（设计，编码）进行修改，排除这个错误。

通常，调试工作是一个具有很强技巧性的工作。一个软件人员在分析测试结果的时候会发现，软件运行失效或出现问题，往往只是潜在错误的外部表现，而外部表现与内在原因之间常常没有明显的联系。如果要找出真正的原因，排除潜在的错误，不是一件易事。因此可以说，调试是通过现象找出原因的一个思维分析的过程。

1.　调试的步骤

调试应按以下几个步骤进行：

（1）从错误的外部表现形式入手，确定程序中出错位置。

（2）研究有关部分的程序，找出错误的内在原因。

（3）修改设计和代码，以排除这个错误。

（4）重复进行暴露了这个错误的原始测试或某些有关测试，以确认该错误是否被排除；是否引进了新的错误。

（5）如果所做的修正无效，则撤销这次改动，重复上述过程，直到找到一个有效的解决办法为止。

2.　几种主要的调试方法

调试的关键在于推断程序内部的错误位置及原因。为此，可以采用以下方法：

1）强行排错

这是目前使用较多，但效率较低的调试方法。它的优点是不需要过多的思考，比较"省脑筋"。例如：

通过内存全部打印来排错（Memory Dump）；

在程序特定部位设置打印语句；

自动调试工具。

2）回溯法排错

这是在小程序中常用的一种有效的排错方法。一旦发现了错误，人们先分析错误征兆，确定最先发现"症状"的位置。然后，人工沿程序的控制流程，向前追踪源程序代码，直到找到错误根源或确定错误产生的范围。

回溯法对于小程序很有效，往往能把错误范围缩小到程序中的一小段代码，然后仔细分析这段代码不难确定出错的准确位置。但对于大程序，由于回溯的路径数目较多，回溯会变得很困难。

3）归纳法排错

归纳法是一种从特殊推断一般的系统化思考方法。归纳法排错的基本思想是：从一些线索（错误征兆）着手，通过分析它们之间的关系来找错误。它一般从测试所暴露的问题出发，收集所有正确与不正确的数据，分析它们之间的关系，提出假想的错误原因，用这些数据来证明或反驳，从而查出错误所在。

4）演绎法排错

演绎法是一种从一般原理或前提出发，经过排除和精化的过程来推导出结论的思考方法。演绎法排错是测试人员首先根据已有的测试用例，设想及枚举出所有可能出错的原因作为假设；然后再用原始测试数据或新的测试，从中逐个排除不可能正确的假设；最后，再用测试数据验证余下的假设确实是出错的原因。

3.3.5　测试中的可靠性分析

软件可靠性是指"在规定的时间内，规定的条件下，软件不引起系统失效的能力，其概率度量称为软件可靠度"。软件可靠性测试是指为了保证和验证软件的可靠性要求而对软件进行的测试。其采用的是按照软件运行剖面（对软件实际使用情况的统计规律的描述）对软件进行随机测试的测试方法。

在软件开发的过程中，利用测试的统计数据估算软件的可靠性，以控制软件的质量是至关重要的。

1. 推测错误的产生频度

估算错误产生频度的一种方法是估算平均失效等待时间 MTTF（Mean Time To Failure）。MTTF 估算公式（Shooman 模型）是

$$MTTF = \frac{1}{K(E_T / I_T - E_C(t) / I_T)}$$

其中，K 是一个经验常数，美国一些统计数字表明，K 的典型值是 200；E_T 是测试之前程序中原有的故障总数；I_T 是程序长度（机器指令条数或简单汇编语句条数）；t 是测试（包括排错）的时间；$E_C(t)$ 是在 $0 \sim t$ 期间内检出并排除的故障总数。

公式的基本假定是：

（1）单位（程序）长度中的故障数 E_T / I_T 近似为常数，它不因测试与排错而改变。 统计数字表明，通常 E_T / I_T 值的变化范围在 $0.5 \times 10^{-2} \sim 2 \times 10^{-2}$。

（2）故障检出率正比于程序中残留故障数，而 MTTF 与程序中残留故障数成正比。

（3）故障不可能完全检出，但一经检出立即得到改正。

下面对此问题做一分析：

设 $E_C(\tau)$ 是 $0 \sim \tau$ 时间内检出并排除的故障总数，τ 是测试时间（月），则在同一段时间 $0 \sim \tau$ 内的单条指令累积规范化排除故障数曲线 $\varepsilon_C(\tau)$ 为：

$$\varepsilon_C(\tau) = E_C(\tau)/I_T$$

这条曲线在开始呈递增趋势，然后逐渐和缓，最后趋近于一水平的渐近线 E_T/I_T。利用公式的基本假定：故障检出率（排错率）正比于程序中残留故障数及残留故障数必须大于零，经过推导得

$$\varepsilon_C(\tau) = \frac{E_T}{I_T}(1 - e^{-K_1\tau})$$

这就是故障累积的 S 形曲线模型，如图 3-5 所示。

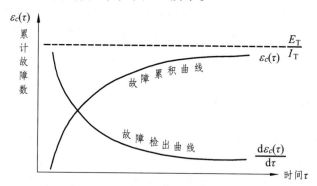

图 3-5　故障累积曲线与故障检出曲线

故障检出曲线服从指数分布，亦在图 3-5 中显示。

$$\frac{\mathrm{d}\varepsilon_c(\tau)}{\mathrm{d}\tau} = K_1\left(\frac{E_T}{I_T}e^{-K_1\tau}\right)$$

2. 估算软件中故障总数 E_T 的方法

1）利用 Shooman 模型估算程序中原来错误总量 E_T——瞬间估算

$$MTTF = \frac{1}{K(E_T/I_T - E_C(t)/I_T)} = \frac{1}{\lambda}$$

所以
$$\lambda = K\left(\frac{E_T}{I_T} - \frac{E_c(t)}{I_T}\right)$$

若设 T 是软件总的运行时间，M 是软件在这段时间内的故障次数，则

$$T/M = 1/\lambda = MTTF$$

现在对程序进行两次不同的互相独立的功能测试，相应检错时间 $\tau_1 < \tau_2$，检出的错误数 $E_C(\tau_1) < E_C(\tau_2)$，则有

$$\begin{cases} \lambda_1 = \dfrac{E_C(\tau_1)}{\tau_1} = \dfrac{1}{MTTF_1} \\ \lambda_2 = \dfrac{E_C(\tau_2)}{\tau_2} = \dfrac{1}{MTTF_2} \end{cases}$$

且

$$\begin{cases} \lambda_1 = K\left(\dfrac{E_T}{I_T} - \dfrac{E_C(\tau_1)}{I_T}\right) \\[3mm] \lambda_2 = K\left(\dfrac{E_T}{I_T} - \dfrac{E_C(\tau_2)}{I_T}\right) \end{cases}$$

解上述方程组，得到 E_T 的估计值和 K 的估计值

$$\hat{E}_T = \frac{E_C(\tau_2)\lambda_1 - E_C(\tau_1)\lambda_2}{\lambda_1 - \lambda_2}$$

$$\hat{K} = \frac{I_T\lambda_1}{E_T - E_C(\tau_1)} \quad \text{或} \quad \hat{K} = \frac{I_T\lambda_2}{E_T - E_C(\tau_2)}$$

2）利用植入故障法估算程序中原有故障总数 E_T——捕获-再捕获抽样法

若设 N_S 是在测试前人为地向程序中植入的故障数（称播种故障），n_S 是经过一段时间测试后发现的播种故障的数目，n_O 是在测试中又发现的程序原有故障数。设测试用例发现植入故障和原有故障的能力相同，则程序中原有故障总数 E_T 的估算值为

$$\hat{N}_O = \frac{n_O * N_S}{n_S}$$

在此方法中要求对播种故障和原有故障同等对待，因此可以由对这些植入的已知故障一无所知的专业测试小组进行测试。

这种对播种故障的捕获-再捕获的抽样方法显然需要消耗许多时间在发现和修改播种故障上，这会影响工程的进度，而且要想使植入的故障有利于精确地推测原有的故障数，如何选择和植入这些播种故障也是一件很困难的事情。为了回避这些难点，就有了下面不必埋设播种故障的方法。

3）Hyman 分别测试法

这是对植入故障法的一种补充。由两个测试员同时互相独立地测试同一程序的两个副本，用 t 表示测试时间（月），记 $t=0$ 时，程序中原有故障总数是 B_0；$t=t_1$ 时，测试员甲发现的故障总数是 B_1，测试员乙发现的故障总数是 B_2，其中两人发现的相同故障数目是 b_c；两人发现的不同故障数目是 b_i。

在大程序测试时，头几个月所发现的错误在总的错误中具有代表性，两个测试员测试的结果应当比较接近，b_i 不是很大。这时有

$$B_0 = \frac{B_1 * B_2}{b_c}$$

如果 b_i 比较显著，应当每隔一段时间，由两个测试员再进行分别测试，分析测试结果，估算 B_0。如果 b_i 减小，或几次估算值的结果相差不多，则可用 B_0 作为程序中原有错误总数 E_T 的估算值。

3.4 测试计划

软件测试也是一样，成功的测试必须以一个良好的、切实可行的测试计划作为基础。测试计划是测试的起始步骤和重要环节。

3.4.1 测试计划的要点和制订过程

1. 测试计划的要点

测试计划是叙述预定测试活动的范围、途径、资源、进度、安排的一份文档，它由项目经理或开发项目负责人编写。软件测试是有计划、有组织和有系统的软件质量保证活动，而不是随意的、松散的、杂乱的实施过程。通过测试计划，领导能够根据测试计划做宏观调控，进行相应资源配置等；测试人员能够了解整个项目测试情况及测试不同阶段的所要进行的工作；其他人员能够了解测试人员的工作内容，进行有关配合工作。因此，为了规范软件测试内容、方法和过程，在对软件进行测试之前，必须创建测试计划。

测试计划要从技术和管理两方面开展工作，此阶段要完成的主要任务有：

（1）对需求规格说明书仔细研究；

（2）确定软件测试的范围及技术要求；

（3）确定软件测试的策略；

（4）分析测试需求，确定被测试软件的功能和特性；

（5）确定软件测试的资源、人员、进度要求；

（6）确定软件测试过程中的预期风险；

（7）制订软件测试的软件质量保证计划；

（8）制订软件测试的配置管理计划。

做好软件的测试计划不是一件容易的事情，需要综合考虑各种影响测试的因素。测试计划应包含如下要点：

（1）测试活动进度综述，可供项目经理产生项目进度时参考；

（2）测试方法，包括测试工具的使用及如何和何时获取工具；

（3）实施测试和报告结果的过程；

（4）系统测试进入和结束准则；

（5）设计、开发和执行测试所需的人员；

（6）设备资源，需要什么样的机器和测试基准；

（7）恰当的测试覆盖率目标；

（8）测试所需的特殊软件和硬件配置；

（9）测试应用程序策略；

（10）测试哪些特性，不测试哪些特性；

（11）风险和意外情况计划。

2．测试计划制订过程

测试计划的制订要经过分析和测试软件需求、制订测试策略、定义测试环境、定义测试管理、编写和审核测试计划等几个过程，如图 3-6 所示。

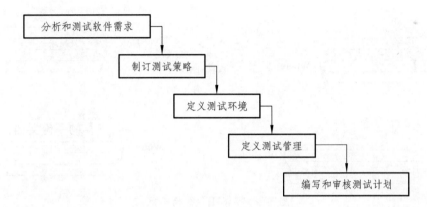

图 3-6　测试计划的制订过程

制订测试计划的时候要注意以下关键问题：

1）明确测试的目标，增强测试计划的实用性

当今的商业软件都包含了丰富的功能，因此，软件测试的内容千头万绪，如何在纷乱的测试内容之间提炼测试的目标，是制订软件测试计划时首先需要明确的问题。

测试目标必须是明确的，是可以量化和度量的，而不是模棱两可的宏观描述；另外，测试目标应该相对集中，避免罗列出一系列目标，从而轻重不分或平均用力。根据对用户需求文档和设计规格文档的分析，确定被测软件的质量要求和测试需要达到的目标。

编写软件测试计划的重要目的就是使测试过程能够发现更多的软件缺陷，因此软件测试计划的价值取决于它对管理测试项目是否有帮助，并且能否找出软件潜在的缺陷。因此，软件测试计划中的测试范围必须高度覆盖功能需求，测试方法必须切实可行，测试工具应具有较高的实用性，便于使用，生成的测试结果直观、准确。

2）坚持"5W1H"分析方法，明确内容与过程

"5W1H"分析方法中的 5W，1H 分别是指："What""Why""When""Where""Who"和"How"。具体所指内容如图 3-7 所示。

利用"5W1H"分析方法创建软件测试计划，可以帮助测试团队理解测试的目的（Why），明确测试的范围和内容（What），确定测试的开始和结束日期（When），指出测试的方法和工具（How），给出测试文档和软件的存放位置（Where）。

3）采用评审和更新机制，保证测试计划满足实际需求

测试计划写作完成后，如果没有经过评审，直接发送给测试团队，测试计划的内容可能不准确或遗漏测试内容，或者软件需求变更引起测试范围的增减，而测试计划的内容没有及时更新，误导测试执行人员。

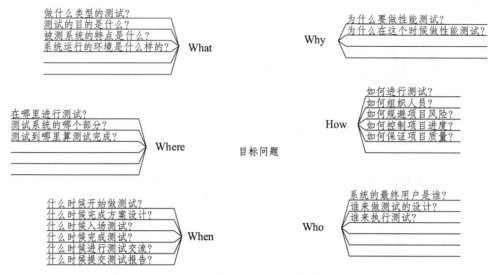

图 3-7 "5W1H" 分析方法

测试计划包含多方面的内容,编写人员可能受自身测试经验和对软件需求的理解所限制,且软件开发是一个渐进的过程, 所以最初创建的测试计划可能是不完善的、需要更新的。需采取相应的评审机制对测试计划的完整性、正确性、可行性进行评估。例如, 在创建完测试计划后, 提交到由项目经理、开发经理、测试经理、市场经理等组成的评审委员会审阅, 根据审阅意见和建议进行修正和更新。

4)创建测试计划与测试详细规格、测试用例

编写软件测试计划要避免的一种不良倾向是测试计划的"大而全", 无所不包, 篇幅冗长, 长篇大论, 重点不突出, 既浪费写作时间, 也浪费测试人员的阅读时间。"大而全"的一个常见表现就是测试计划文档包含详细的测试技术指标、测试步骤和测试用例。最好的方法是把详细的测试技术指标包含到独立创建的测试详细规格文档, 把用于指导测试小组执行测试过程的测试用例放到独立创建的测试用例文档或测试用例管理数据库中。

测试计划和测试详细规格、测试用例之间是战略和战术的关系, 测试计划主要从宏观上规划测试活动的范围、方法和资源配置, 而测试详细规格、测试用例是完成测试任务的具体战术。

另外, 要注意的是, 一个好的计划可以保证项目 50% 的成功, 另 50% 靠有效的执行;测试计划只是一个文件, 不要单纯地去编制一个测试计划, 要计划测试过程, 不要为了计划而计划;测试计划是指导要做什么的所有想法, 必须要起到协调所有与测试相关人员的作用, 包括测试工程师、客户参与人员和项目参与人员。

3.4.2 分析和测试软件需求

1. 软件需求分析

软件需求是软件开发的前提, 同时也是系统验收的依据, 软件测试计划的制订应从软件

需求分析开始。这样做一方面可以"尽早地了解被测系统",体现了软件测试的原则;另一方面,如果在需求分析阶段发现系统存在严重的 Bug(此阶段的 Bug 最多),或者发现不可测的地方,可以及时地进行修改,避免了后期修改 Bug 的巨大成本浪费。

在软件需求分析中,测试工作人员应理解需求,参与审核需求文档,理解项目的目标和限制,了解用户应用背景,编写测试计划,准备资源。

软件需求分析应按以下步骤进行:

1)收集用户需求

用户需求收集是进行软件需分析的第一步,需求收集得到的各种用户需求素材是产品需求的唯一来源。也可以说需求收集的质量影响着产品最终的质量。

2)编写需求定义文档

需求文档是进行设计、编码、测试的基础文件,软件需求文档中,需要描述下列内容:说明,一般描述,各种限制条件,假定和依赖,功能需求,非功能需求,参考。

3)编写软件功能说明

软件功能说明主要描述软件产品的功能,为设计、开发和测试阶段以及产品相关人员提供参考。

4)编写软件需求跟踪矩阵

对于需求文档中的每项需求,要确保以下问题:① 是否完成了相应的设计?是否编写完成了相应的代码?在哪里可以找到这些代码?② 是否编写完成了相应的单元测试用例?是否进行了单元测试?③ 是否完成了相应的集成测试用例?是否进行了集成测试?

而软件的需求跟踪矩阵能描述上述问题。

5)审核软件需求文档

应从以下几个方面来审核需求文档:

(1)需求文档是否符合公司的格式要求?

(2)需求是否正确?

(3)要保证需求文档中所描述的内容是真实可靠的

(4)这是"真正的"需求吗?描述的产品是否就是要开发的产品?

(5)需求是否完备?列出的需求是否能减去一部分?

(6)需求是否兼容?需求有可能是矛盾的。

(7)需求是否可实现?

(8)需求是否合理?

(9)需求是否可测?

2. 测试软件需求

软件需求分析完成后,还要对软件需求进行测试。对软件需求进行测试的方法主要有复查(Review)、走查(Walkthrough)和审查(Inspection)。

复查一般是让工作中的合作者检查产品并提出意见，属于同级互查。同级互查可以面对面进行，也可以通过 E-Mail 实现，并没有统一标准。同级互查发现文档缺陷的能力是三种方法中最弱的。

与审查相比较，走查较为宽松，其事先需要收集数据，也没有输出报告的要求。

审查是为发现缺陷而进行的。关键组件的审查要通过会议进行，会前每个与会者需要进行精心准备，会议必须按规定的程序进行，审查中发现的缺陷要被记录并形成会议报告。审查被证明是非常有效的发现缺陷的方法。

对软件需求进行分析和测试后，应根据用户需求定义并完善测试需求，以作为整个测试的标准。

3.4.3 测试策略

测试需求确定后，就要根据需求制订相应的测试策略。制订测试策略时应考虑测试范围、测试方法、测试标准和测试工具等问题。

1. 定义测试范围

定义测试范围是一个在测试时间、费用和质量风险之间寻找平衡的过程。测试过度，则可能在测试覆盖中存在大量冗余；测试不足，则存在遗漏错误的风险。我们应通过分析产品的需求文档识别哪些需要被测试。

定义测试范围需要考虑的因素有：

（1）首先测试最高优先级的需求。

（2）测试新的功能和代码或者改进的旧功能。

（3）使用等价类划分来减小测试范围。

（4）重点测试经常出问题的地方。

要注意的是，测试范围不能仅仅由测试人员来确定。测试范围的确定可采用提问单的方式来进行。提问单上应包括以下问题：

（1）哪些功能是软件的特色？

（2）哪些功能是用户最常用的？

（3）如果系统可以分块卖的话，哪些功能块在销售时最昂贵？

（4）哪些功能出错将导致用户不满或索赔？

（5）哪些程序是最复杂、最容易出错的？

（6）哪些程序是相对独立并应当提前测试的？

（7）哪些程序最容易扩散错误？

（8）哪些程序是全系统的性能瓶颈所在？

（9）哪些程序是开发者最没有信心的？

2. 选择测试方法

在软件生命周期的不同阶段，需要选择不同的测试方法。以瀑布生命周期模型为例，各个阶段应选择的测试方法如表 3-5 所示。

表 3-5　软件生命周期各个阶段对应的测试方法

开发阶段	测试方法
需求分析阶段	静态测试
概要设计与详细设计阶段	静态测试
编码和单元测试阶段	静态测试、动态测试和白盒测试
集成测试阶段	动态测试、白盒测试和黑盒测试
系统测试阶段	动态测试、黑盒测试
验收测试阶段	动态测试、黑盒测试

3. 定义测试标准

定义测试标准的目的是设置测试中需遵循的规则。需要制订的标准有测试入口标准、测试出口标准和测试暂停与继续标准。

测试入口标准指在什么情况下开始某个阶段的测试，如开始系统测试的入口标准：软件测试包、系统测试计划、测试用例、测试数据、环境，已经通过集成测试。测试出口标准指什么情况下可以结束某个阶段的测试，如：所有测试用例被执行，未通过的测试案例小于某个值。测试暂停与继续标准指什么情况下测试该暂停及什么情况下测试该测试。

制订测试标准常用的规则如下：

1）基于测试用例的规则

该规则要求当测试用例的不通过率达到某一百分比时，则拒绝继续测试。该规则的优点是适用于所有的测试阶段，缺点是太依赖于测试用例。

2）基于"测试期缺陷密度"的规则

"测试期缺陷密度"是指测试一个 CPU 小时发现的缺陷数。

该规则是指如果在相邻 n 个 CPU 小时内"测试期缺陷密度"全部低于某个值 m 时，则允许正常结束测试。

3）基于"运行期缺陷密度"的规则

"运行期缺陷密度"是指软件运行一个 CPU 小时发现的缺陷数。

该规则是指如果在相邻 n 个 CPU 小时内"运行期缺陷密度"全部低于某个值 m 时，则允许正常结束测试。

4. 选择自动化测试工具

使用自动化测试工具能够提高测试工作的可重复性，更好地进行性能测试和压力测试，并能够缩短测试周期，自动化测试工具在测试中得到越来越广泛的使用。

自动化测试工具的选择需要注意以下几方面：

（1）并不是所有的测试工作都可以由测试工具来完成。

（2）并不是一个自动化工具就可以完成所有的测试。

（3）使用自动化测试工具本身也是需要时间的，这个时间有可能超过手工测试的时间。

（4）如果测试人员不熟悉测试工具的使用，有可能不能发现更多的软件错误，从而影响测试工作质量。

（5）自动化测试工具并不能对一个软件进行完全的测试。

（6）购买自动化测试工具，有可能使本项目的测试费用超出预算。

3.4.4　测试环境

在软件开发活动中，从软件的编码、测试到用户实际使用，对应着开发环境、测试环境和用户环境。

测试环境是测试人员为进行软件测试而搭建的环境，一般情况下包括多种典型的用户环境。测试环境的环境项包括计算机平台、操作系统、浏览器、软件支持平台、外部设备、网络环境和其他专用设备。经过良好规划和管理的测试环境，可以尽可能地减少环境的变动对测试工作的不利影响，并可以对测试工作的效率和质量的提高产生积极的作用。

要配置良好的测试环境，需要考虑测试范围中的平衡问题。在搭建测试环境的时候，要排列配置的优先级，主要应考虑下列问题：

（1）使用的频度或者范围。

（2）失效的可能性。

（3）能最大限度模拟真实环境。

3.4.5　测试管理

为了确保软件的质量，对测试的过程应进行严格的管理。在测试管理方面，需要考虑的主要问题包括：选择缺陷管理工具和测试管理工具，定义工作进度，建立风险管理计划。

1. 缺陷管理工具和测试管理工具的选择

在执行测试的过程中，缺陷管理工具和测试管理工具并不是必需的。但多数公司都会使用缺陷管理工具。因此，在测试计划阶段，需要确定用什么工具进行测试管理和缺陷管理，如使用 TestDirector 还是使用 Bugzilla 进行管理等。

2. 定义工作进度

定义工作进度的过程如图 3-8 所示。

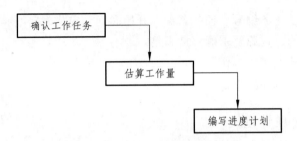

图 3-8　定义工作进度的过程

1）确认工作任务

工作任务可以分为两类，一类是可以直接和需求文档对应起来的，另外一类和需求文档没有直接的关联。在需求文档中，描述了软件的功能性需求和非功能性需求，对需求中的每一个条目，都应该有相应的测试工作与之对应起来。

与需求文档没有直接关联的任务主要有：执行测试时设置和配置系统，开发和安装专用测试工具，学习使用测试工具，定制测试工具，将测试用例编写为脚本或数据文件，重新运行以前没通过的测试用例，产生测试报告和测试总结文档，编写测试计划，编写质量报告、缺陷报告，人员培训，与程序员之间的交流，与客户之间的交流等。

确认好测试任务后，还应该排列这些任务的优先级。

2）估算工作量

确认完工作任务后，还要进行工作量的估算，工作量可以使用"人*日""人*月""人*年"这样的单位。测试工作量的估算可以采用以下方法：

（1）建立详细的工作分解结构。

（2）分析以往项目，寻找历史数据。

（3）使用评估模型。

在估算工作量时，还要注意一些"返工"的问题。

3）编写进度计划

定义工作进度的最后一项工作是编写进度计划，进度计划可以用甘特图的形式来表示，如图 3-9 所示。

ID	任务名称	开始时间	完成	持续时间	2005年05月													2005年06月					
					19	20	21	22	23	24	25	26	27	28	29	30	31	1	2	3	4	5	6
1	建立测试环境	2005-5-20	2005-5-23	2d																			
2	编写自动化测试脚本	2005-5-20	2005-5-24	3d																			
3	功能测试	2005-05-24	2005-05-31	6d																			
4	测试功能1	2005-5-24	2005-5-27	4d																			
5	测试功能2	2005-5-27	2005-5-31	3d																			
6	复查	2005-6-1	2005-6-3	3d																			
7	编写测试报告	2005-6-6	2005-6-6	1d																			

图 3-9　甘特图

在进度计划的编写过程中，要确保：

（1）所有任务都已经被列出。

（2）计划中包含了任务编号、任务名称、开始时间、完成时间、持续时间等信息。

（3）计划是可行的，资源要求能够被满足。

（4）按照此计划开展实际工作。

（5）如果有变化，该计划将被及时更新。

3．建立风险管理计划

由于在软件测试中面临很多问题，因此要建立风险管理计划，在软件测试中面临的问题主要有：

（1）由于设计、编码出现了大的质量问题，导致测试工作量、测试时间增加。

（2）在开始测试时，所需要的硬件、软件没有准备好。

（3）未能完成对测试人员的技术培训。

（4）测试时的人力资源安排不足。

（5）在测试过程中，发生了大量的需求变更。

（6）在测试过程中，项目的开发计划被进行大幅度调整。

（7）不能及时准备好所需要的测试环境。

（8）不能及时准备好测试数据。

风险管理的过程就是识别风险→评估风险→制订对策→跟踪风险的过程。

3.4.6　编写和审核测试计划

制订测试计划的最后一个阶段就是编写测试计划，形成测试文档。编写测试计划时应注意以下事项：

（1）测试计划不一定要尽善尽美，但一定要切合实际，要根据项目特点、公司实际情况来编制，不能脱离实际情况。

（2）测试计划一旦制订下来，并不就是一成不变的，软件需求、软件开发、人员流动等都在时刻发生着变化，测试计划也要根据实际情况的变化而不断进行调整，以满足实际测试要求。

（3）测试计划要能从宏观上反映项目的测试任务、测试阶段、资源需求等，不一定要太过详细。

另外，由于测试的种类多、内容广且时间分散，而且不同的测试工作由不同的人员来执行，因此一般把单元测试、集成测试、系统测试、验收测试各阶段的《测试计划》分开来写。

测试计划编写完成后，一般要对测试计划的正确性、全面性以及可行性等进行审核，评审人员的组成包括软件开发人、营销人员、测试负责人以及其他有关项目负责人。

3.5　小　结

在软件开发活动中，软件测试应该从软件生命周期的第一个阶段开始，并且贯穿于整个软件开发的生命周期。软件测试过程按测试的先后次序可分成 5 个步骤进行：单元测试、集成测试、确认测试和系统测试，最后进行验收测试。

软件测试的本质就是针对要测试的内容确定一组测试用例，因此要对测试用例进行精心设计。

静态测试主要包括代码检查、静态结构分析、代码质量度量等，使用静态测试能够有效地发现 30% ~ 70% 的逻辑设计和编码错误。

在软件开发的过程中，利用测试的统计数据估算软件的可靠性，以控制软件的质量是至关重要的。

成功的软件测试必须以一个良好的、切实可行的测试计划作为基础。测试计划是测试的起始步骤和重要环节。测试计划制订包括分析和测试软件需求、制订测试策略、定义测试环境、定义测试管理、编写和审核测试计划等几个过程。

第 4 章　白盒测试方法

4.1　白盒测试概述

根据软件产品的内部工作过程，在计算机上进行测试，以证实每种内部操作是否符合设计规格要求，所有内部成分是否已经过检查，这种测试方法就是白盒测试。白盒测试把测试对象看作一个打开的盒子，允许测试人员利用程序内部的逻辑结构及有关信息，设计或选择测试用例，对程序所有逻辑路径进行测试；通过在不同点检查程序的状态，确定实际的状态是否与预期的状态一致。

白盒测试又称为结构测试，主要是根据被测程序的内部结构设计测试用例。白盒测试根据测试方法可以分为静态白盒测试和动态白盒测试。

静态白盒测试是指在不执行程序的条件下有条理地仔细审查软件设计、体系结构和代码，从而找出软件缺陷的过程。

动态白盒测试是指测试运行中的程序，并利用查看代码功能和实现方式得到的信息来确定哪些需要测试，哪些不要测试，如何开展测试等，从而设计和执行测试，找出软件缺陷的过程。

4.2　典型的白盒测试方法

4.2.1　逻辑覆盖法

有选择地执行程序中某些有代表性的通路是代替穷举测试的有效方法。所谓逻辑覆盖是对一系列测试的总称，这些方法覆盖源程序语句的程度有所不同。这种方法要求测试人员对程序的逻辑结构有清楚的理解，甚至要能掌握源程序的所有细节。按照覆盖程度由高到低，大致分为下列覆盖标准。

1. 语句覆盖

语句覆盖就是设计若干个测试用例，然后运行被测程序，使得每一条可执行语句至少执行一次。这种覆盖又称为点覆盖，它使得程序中每个可执行语句都得到执行，但它是最弱的逻辑覆盖标准，效果有限，必须与其他方法交互使用。图 4-1 所示的程序流程图描绘了一个被测模块的处理算法。

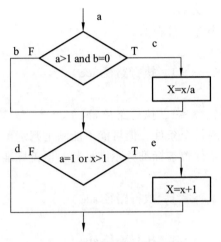

图 4-1　被测试模块的流程图

要使图中每个语句都执行一次，程序的执行路径应该是 ace，比如输入下面的测试数据就可以覆盖该路径：

$$a = 2，b = 0，x = 3（x 可以是任意数）$$

语句覆盖较弱，在上面例子中两个判断条件都只测试了条件为真的情况，如果条件为假时处理有错误，则不能发现。因此该测试是不充分的，无法发现程序中某些逻辑运算符和逻辑条件的错误。

2.　判定覆盖

判定覆盖就是设计若干个测试用例，然后运行被测程序，使得程序中每个判断的取真分支和取假分支至少经历一次。判定覆盖又称为分支覆盖。

对于图 4-1 的被测试模块，通过路径 ace 和 abd，或路径 acd 和 abe，即可达到判定覆盖标准。

① a = 3，b = 0，x = 3（覆盖 acd）
② a = 1，b = 1，x = 1（覆盖 abe）

判定覆盖只比语句覆盖稍强一些，还不能保证一定能查出在判断的条件中存在的错误。因此，还需要更强的逻辑覆盖准则去检验判断内部条件。

3.　条件覆盖

条件覆盖就是设计若干个测试用例，然后运行被测程序，使得程序中每个判断的每个条件的可能取值至少执行一次。

对于图 4-1 的被测试模块，共有两个判定表达式，每个表达式中有两个条件，为了做到条件覆盖，应该选取测试数据使得以下四个条件的可能取值至少执行一次：

条件 1：a > 0 为值，a≤0 为假；

条件 2：b = 0 为值，b≠0 为假；

条件 3：a = 0 为值，a≠0 为假；

条件 4：x > 1 为值，x≤1 为假。

设计下面两组测试数据满足条件覆盖：

① a = 2，b = 0，x = 4

（满足 a > 1，b = 0；a = 2，x > 1，执行路径 ace）

② a = 1，b = 1，x = 1

（满足 a≤1，b≠0；a≠2，x≤1，执行路径 abe）

条件覆盖深入到判定中的每个条件，但可能不能满足判定覆盖的要求。例如如果使用下面两组测试数据，则只满足条件覆盖标准并不满足判定覆盖标准。

① a = 2，b=0 ，x=1

（满足 a > 1，b = 0；a = 2，x≤1，执行路径 ace）

② a = 1，b=1，x=2

（满足 a≤1，b≠0；a≠2，x > 1，执行路径 abe）

4. 判定-条件覆盖

判定 – 条件覆盖就是设计足够的测试用例，使得判断中每个条件的所有可能取值至少执行一次，同时每个判断本身的所有可能判断结果至少执行一次。换言之，即是要求各个判断的所有可能的条件取值组合至少执行一次。

对于图 4-1 的被测试模块，下面两组测试数据能达到判定 – 条件覆盖标准：

① a = 2，b = 0，x = 4

（满足 x > 1，b=0；a = 2，x > 1）

② a = 1，b = 1，x = 1

（满足 a≤1，b≠0；a≠2，x≤1）

判定-条件覆盖也是有缺陷的。从表面上来看，它测试了所有条件的取值，但是事实并非如此。往往某些条件掩盖了另一些条件，会遗漏某些条件取值错误的情况。为彻底地检查所有条件的取值，需要将判定语句中给出的复合条件表达式进行分解，形成由多个基本判定嵌套的流程图，将图 4-1 改为单个条件判定的嵌套结构，如图 4-2 所示。这样就可以有效地检查所有的条件是否正确了。

5. 条件组合覆盖

多重条件覆盖就是设计足够的测试用例，运行被测程序，使得每个判断的所有可能的条件取值组合至少执行一次。

对于图 4.1 中的条件组合：

① a > 1，b = 0；

② a > 1，b≠0；

③ a≤1，b = 0；

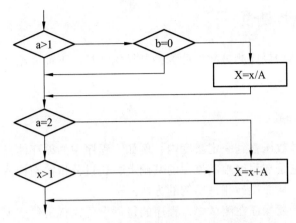

图 4-2　单个条件按判定的嵌套结构

④ a≤1, b≠0;

⑤ a = 2, x > 1;

⑥ a = 2, x < = 1;

⑦ a≠2, x > 1;

⑧ a≠2, x < = 1。

下面的 4 组测试数据可以使上面列出的 8 种组合至少出现一次:

① a = 2, b = 0, x = 3（针对①和⑤两种组合，执行路径 ace）;

② a = 2, b = 1, x = 1（针对②和⑥两种组合，执行路径 abe）;

③ a = 1, b = 0, x = 3（针对③和⑦两种组合，执行路径 abe）;

④ a = 1, b = 1, x = 1（针对④和⑧两种组合，执行路径 abd）。

这是一种相当强的覆盖准则，可以有效地检查各种可能的条件取值的组合是否正确。它不但可覆盖所有条件的可能取值的组合，还可覆盖所有判断的可取分支，但可能有的路径还是会遗漏掉，测试还不完全。

6.　路径测试

路径测试就是设计足够的测试用例，覆盖程序中所有可能的路径。这是最强的覆盖准则。但在路径数目很大时，真正做到完全覆盖是很困难的，必须把覆盖路径数目压缩到一定限度。

综合，各种逻辑覆盖法对比关系如表 4-1 所示。

表 4-1　逻辑覆盖法对比关系

方法	分支覆盖	条件覆盖	条件组合覆盖
优点	简单、无须细分每个判定	增加了对符号判定情况的测试	对程序进行较彻底的测试，覆盖面广
缺点	往往大部分的判定语句是由多个逻辑条件组合而成（如包含 and、or 等的组合），若仅仅判断其组合条件的结果，而忽略每个条件的取值情况，必然会遗漏部分测试场景	达到条件覆盖，需要足够多的测试用例，但条件覆盖还是不能保证判定覆盖，这是由于 and 和 or 不同的组合效果造成的	对所有可能条件进行测试，需要设计大量、复杂测试用例，工作量比较大

4.2.2 控制结构测试

根据程序的控制结构设计测试数据称为控制结构测试。下面介绍几种常用的控制结构测试技术。

1. 基本路径测试

如果把覆盖的路径数压缩到一定限度内，例如，程序中的循环体只执行零次和一次，就成为基本路径测试。它是在程序控制流图的基础上，通过分析控制构造的环路复杂性，导出基本可执行路径集合，从而设计测试用例的方法。

设计出的测试用例要保证在测试中，程序的每一个可执行语句至少要执行一次。在做基本路径测试时需要先画出程序的控制流图并计算流图的环型复杂度，下面先对此进行介绍。

1）程序的控制流图

控制流图是描述程序控制流的一种图示方法，基本控制构造的图形符号如图 4-3 所示。符号〇称为控制流图的一个结点，一组顺序处理框可以映射为一个单一的结点。控制流图中的箭头线称为边，它表示了控制流的方向，在选择或多分支结构中分支的汇聚处，即使没有执行语句也应该有一个汇聚结点。边和结点圈定的区域叫作区域，当对区域计数时，图形外的区域也应记为一个区域。

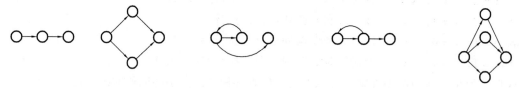

（a）顺序结构 （b）IF 选择结构 （c）WHILE 重复结构 （d）UNTIL 重复结构 （e）CASE 多分支结构

图 4-3　控制流图的各种图形符号

如果判定中的条件表达式是复合条件时，即条件表达式是由一个或多个逻辑运算符（or，and，nand，nor）连接的逻辑表达式，则需要改复合条件的判定为一系列只有单个条件的嵌套的判定。例如对应图 4-4（a）的复合条件的判定，应该画成如图 4-1（b）所示的控制流图。条件语句 if a OR b 中条件 a 和条件 b 各有一个只有单个条件的判定结点。

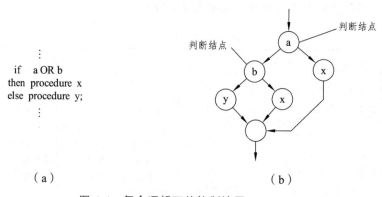

```
    ⋮
if    a OR b
then  procedure x
else  procedure y;
    ⋮
```

（a）

（b）

图 4-4　复合逻辑下的控制流图

2）计算程序环形复杂度

进行程序的基本路径测试时，程序的环形复杂度给出了程序基本路径集合中的独立路径条数，这是确保程序中每个可执行语句至少执行一次所必需的测试用例数目的最小值。

所谓独立路径，是指包括一组以前没有处理的语句或条件的一条路径。如在图 4-5（b）所示的控制流图中，一组独立的路径是

path1：1-11；

path2：1-2-3-4-5-10-1-11；

path3：1-2-3-6-8-9-10-1-11；

path4：1-2-3-6-7-9-10-1-11。

路径 path1，path2，path3，path4 组成了图 4-5（b）所示控制流图的一个基本路径集。只要设计出的测试用例能够确保这些基本路径的执行，就可以使得程序中的每个可执行语句至少执行一次，每个条件的取真和取假分支也能得到测试。基本路径集不是唯一的，对于给定的控制流图，可以得到不同的基本路径集。

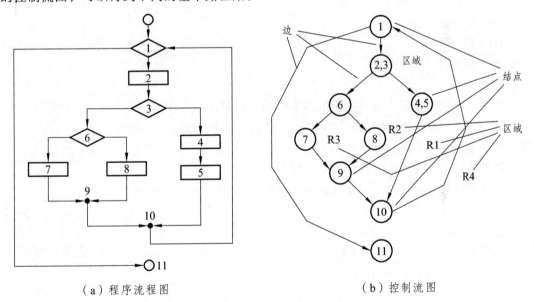

（a）程序流程图　　　　　　　　　　　（b）控制流图

图 4-5　程序流程图与对应的控制流图

通常环形复杂度可用以下三种方法求得。

将环形复杂度定义为控制流图中的区域数。

设 E 为控制流图的边数，N 为图的结点数，则定义环形复杂度为 $V(G)=E-N+2$。

若设 P 为控制流图中的判定结点数，则有 $V(G)=P+1$。

因为图 4-5（b）所示控制流图有 4 个区域，其环形复杂度为 4，它是构成基本路径集的独立路径数的最小值，可以据此得到应该设计的测试用例的数目。

基本路径测试法是在程序控制流图的基础上，通过分析控制构造环形复杂度，导出基本可执行路径集合，设计测试用例，可按下面步骤进行：

第一步：以详细设计或源代码作为基础，导出程序的控制流图。

第二步：计算控制流图 G 的环形复杂度 $V(G)$。

第三步：确定独立路径的集合，即确定线性无关的路径的基本集。

第四步：测试用例生成，确保基本路径集中每条路径的执行。

例如，对下面的一段伪码进行基本路径测试。

```
1:    START
INPUT（A，B，C，D）
2:    IF（A>0）
3:     OR  （B>0）
4:    THEN X=A+B
5:    ELSE X=A－B
6:    END
7:    IF（C<A）
8:     AND  （D>B）
9:    THEN Y=C-D
10:   ELSE Y=C+D
11:   END
12:   PRINT（X，Y）
STOP
```

第一步：根据伪码，画出程序的控制流图，如图 4-6 所示。

第二步：计算控制流图的环形复杂度。任选三种方法其中之一计算环形复杂度，经计算环形复杂度为 5。

第三步：确定线性独立路径的基本集合。

程序的环形复杂度决定了基本路径的数量。对于图 4-6 所示的流图，环形复杂度为 5，因此共有 5 条独立路径。

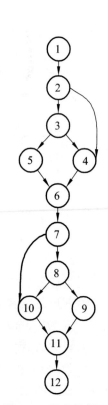

路径 1：1-2-3-4-6-7-8-9-11-12；

路径 2：1-2-3-5-6-7-8-9-11-12；

路径 3：1-2-4-6-7-8-9-11-12；

路径 4：1-2-4-6-7-8-10-11-12；

路径 5：1-2-3-4-6-7-10-11-12。

第四步：设计可强制执行基本路径集合的每条路径的测试用例。

执行路径 1：

输入：A=－1，B=1，C=－2，D=2；

预期输出：X=0，Y=－4。

执行路径 2：

输入：A=－1，B=－1，C=－2，D=1；

预期输出：X=0，Y=－3。

执行路径 3：

输入：A=1，B=0，C=0，D=1；

预期输出：X=1，Y=－1。

图 4-6　程序控制图

执行路径 4：

输入：A=1，B=1，C=0，D=0；

预期输出：X=2，Y=0。

执行路径 5：

输入：A=－1，B=1，C=1，D=0；

预期输出：X=0，Y=1。

2. 条件测试

程序中的条件分为简单条件和复合条件。简单条件是一个布尔变量或一个关系表达式（可加前缀 not），复合条件由简单条件通过逻辑运算符（and、or、not）和括号连接而成。如果条件出错，至少是条件中某一成分有错。条件中可能的出错类型有：布尔运算符错误、布尔变量错误、布尔括号错误、关系运算符错误、算术表达式错误。

如果在一个判定的复合条件表达式中每个布尔变量和关系运算符最多只出现一次，而且没有公共变量，应用一种称之为 BRO（分支与关系运算符）的测试法可以发现多个布尔运算符或关系运算符错误，以及其他错误。

BRO 策略引入条件约束的概念。设有 n 个简单条件的复合条件 C，其条件约束为 $D = (D_1, D_2, \cdots, D_n)$，其中 $D_i (1 \leqslant i \leqslant n)$ 是条件 C 中第 i 个简单条件的输出约束。如果在 C 的执行过程中，其每个简单条件的输出都满足 D 中对应的约束，则称条件 C 的条件约束 D 由 C 的执行所覆盖。特别地，布尔变量或布尔表达式的输出约束必须是真（T）或假（F）；关系表达式的输出约束为符号>、=、<。

1）设条件为 $C_1 : B_1 \& B_2$

其中 B_1、B_2 是布尔变量，C_1 的输出约束为（D_1，D_2），在此，D_1 和 D_2 或为 T 或为 F。则（T，F）是 C_1 可能的一个约束。覆盖此约束的测试（一次运行）将令 B_1 为 T，B_2 为 F。BRO 策略要求对 C_1 的可能约束集合 {(T, T), (F, T), (T, F)} 中的每一个分别设计一组测试用例。如果布尔运算符有错，这三组测试用例的运行结果必有一组导致 C_1 失败。

2）设条件为 $C_2 : B_1 \& (E_3 = E_4)$

其中 B_1 是布尔表达式，E_3 和 E_4 是算术表达式，C_2 的输出约束为 (D_1, D_2)，在此，D_1 或为 T 或为 F；D_2 则是<、=或>。除了 C_2 的第二个简单条件是关系表达式以外，C_2 和 C_1 相同，即只有 D_2 与 C_1 中 D_2 的不同，所以可以修改 C_1 的约束集合 {(T, T), (F, T), (T, F)}，得到 C_2 的约束集合。因为在 $(E_3 = E_4)$ 中，"T"相当于"="，"F"相当于"<"或">"，则 C_2 的约束集合为 {(T, =), (F, =), (T, <), (T, >)}。据此设计四组测试用例，检查 C_2 中可能的布尔或关系运算符中的错误。

3）设条件为 $C_3 : (E_1 > E_2) \& (E_3 = E_4)$

其中 E_1、E_2、E_3、E_4 都是算术表达式，C_3 的输出约束为 (D_1, D_2)，在此，D_1 和 D_2 的约束均为 <、=、>。C_3 中只有 D_1 与 C_2 中的 D_1 不同，可以修改 C_2 的约束集合 {(T, =), (F, =), (T, <), (T, >)}，导出 C_3 的约束集合。因为在 $(E_1 > E_2)$ 中，"T"相当于">"，

"F"相当于"<"或"=",则C_3的约束集合为{(>，=), (<，=), (=，=), (>，<), (>，>)}。根据这个约束集合设计测试用例，就能够检测C_3中的关系运算符中的错误。

3. 循环测试

循环分为4种不同类型：简单循环、连锁循环、嵌套循环和非结构循环，如图4-7所示。

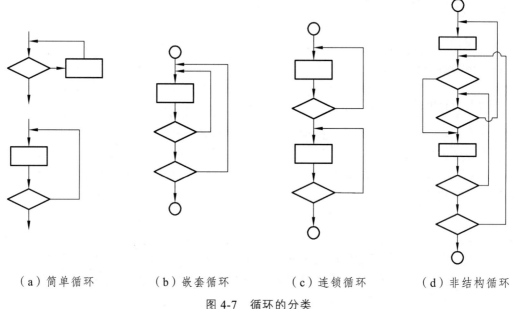

（a）简单循环　　　（b）嵌套循环　　　（c）连锁循环　　　（d）非结构循环

图4-7　循环的分类

对于简单循环，测试应包括以下几种（其中的n表示循环允许的最大次数）：

（1）零次循环：从循环入口直接跳到循环出口。

（2）一次循环：查找循环初始值方面的错误。

（3）二次循环：检查在多次循环时才能暴露的错误。

（4）m次循环：此时的$m < n$，也是检查在多次循环时才能暴露的错误。

（5）最大次数循环、比最大次数多一次的循环、比最大次数少一次的循环。

对于嵌套循环，不能将简单循环的测试方法简单地扩大到嵌套循环，因为可能的测试数目将随嵌套层次的增加呈几何倍数增长。这可能导致一个天文数字的测试数目。下面给出一种有助于减少测试数目的测试方法：

（1）除最内层循环外，从最内层循环开始，置所有其他层的循环为最小值。

（2）对最内层循环做简单循环的全部测试。测试时保持所有外层循环的循环变量为最小值。另外，对越界值和非法值做类似的测试。

（3）逐步外推，对其外面一层循环进行测试。测试时保持所有外层循环的循环变量取最小值，所有其他嵌套内层循环的循环变量取"典型"值。

（4）反复进行，直到所有各层循环测试完毕。

（5）对全部各层循环同时取最小循环次数，或者同时取最大循环次数。对于后一种测试，由于测试量太大，需人为指定最大循环次数。

对于连锁循环，要区别两种情况。如果各个循环互相独立，则连锁循环可以用与简单循环相同的方法进行测试。例如，有两个循环处于连锁状态，则前一个循环的循环变量的值就可以作为后一个循环的初值。但如果几个循环不是互相独立的，则需要使用测试嵌套循环的办法来处理。

对于非结构循环，应该使用结构化程序设计方法重新设计测试用例。

4.3　白盒测试的典型案例

例 4.1　对下面的函数进行逻辑覆盖的各种测试，流程图如图 4-8 所示。

```
void DoWork (int x,int y,int z)
{
    int k=0,j=0;
    if ( (x>3)&&(z<10) )
    {   k=x*y-1;
        j=sqrt(k);
    }                        //语句块 1
    if ( (x==4)||(y>5) )
    {   j=x*y+10;    }        //语句块 2
    j=j%3;                    //语句块 3
}
```

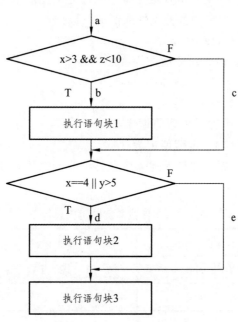

图 4-8　例 4.1 程序的流程图

（1）语句覆盖。

要实现 DoWork 函数的语句覆盖，只需设计一个测试用例就可以覆盖程序中的所有可执行语句。

测试用例输入为：{ x=4、y=5、z=5 }；

程序执行的路径是：abd。

分析：

语句覆盖可以保证程序中的每个语句都得到执行，但发现不了判定中逻辑运算的错误，即它并不是一种充分的检验方法。例如在第一个判定（（x>3）&&（z<10））中把"&&"错误的写成了"||"，这时仍使用该测试用例，则程序仍会按照流程图上的路径 abd 执行。可以说语句覆盖是最弱的逻辑覆盖准则。

（2）判定覆盖。

要实现 DoWork 函数的判定覆盖，需要设计两个测试用例。

测试用例的输入为：{x=4、y=5、z=5}，{x=2、y=5、z=5}；

程序执行的路径分别是：abd，ace。

分析：

上述两个测试用例不仅满足了判定覆盖，同时还做到语句覆盖。从这点看似乎判定覆盖比语句覆盖更强一些，但仍然无法确定判定内部条件的错误。例如把第二个判定中的条件 $y > 5$ 错误写为 $y < 5$，使用上述测试用例，照样能按原路径执行而不影响结果。因此，需要有更强的逻辑覆盖准则去检验判定内的条件。

（3）条件覆盖。

在实际程序代码中，一个判定中通常都包含若干条件。条件覆盖的目的是设计若干测试用例，在执行被测程序后，要使每个判定中每个条件的可能值至少满足一次。

对 DoWork 函数的各个判定的各种条件取值加以标记。

对于第一个判定((x>3)&&(z<10))：

条件 x>3，取真值记为 T1，取假值记为-T1；

条件 z<10，取真值记为 T2，取假值记为-T2。

对于第二个判定((x==4)||(y>5))：

条件 x==4，取真值记为 T3，取假值记为-T3；

条件 y>5，取真值记为 T4，取假值记为-T4。

根据条件覆盖的基本思想，要使上述 4 个条件可能产生的 8 种情况至少满足一次，设计测试用例如表 4-2 所示。

表 4-2　条件覆盖测试用例设计 1

测试用例	执行路径	覆盖条件	覆盖分支
x=4、y=6、z=5	abd	T1、T2、T3、T4	bd
x=2、y=5、z=15	ace	-T1、-T2、-T3、-T4	ce

分析：上面这组测试用例不但覆盖了 4 个条件的全部 8 种情况，而且将两个判定的 4 个分支 b、c、d、e 也同时覆盖了，即同时达到了条件覆盖和判定覆盖。

说明：虽然前面的一组测试用例同时达到了条件覆盖和判定覆盖，但是，并不是说满足条件覆盖就一定能满足判定覆盖。如果设计了表 4-3 中的这组测试用例，虽然满足了条件覆盖，但只是覆盖了程序中第一个判定的取假分支 c 和第二个判定的取真分支 d，不满足判定覆盖的要求。

表 4-3　条件覆盖测试用例设计 2

测试用例	执行路径	覆盖条件	覆盖分支
x=2、y=6、z=5	acd	-T1、T2、-T3、T4	cd
x=4、y=5、z=15	acd	T1、-T2、T3、-T4	cd

（4）判定-条件覆盖。

判定-条件覆盖实际上是将判定覆盖和条件覆盖结合起来的一种方法，即：设计足够的测试用例，使得判定中每个条件的所有可能取值至少满足一次，同时每个判定的可能结果也至少出现一次。

根据判定-条件覆盖的基本思想，只需设计以下两个测试用例便可以覆盖 4 个条件的 8 种取值以及 4 个判定分支，如表 4-4 所示。

表 4-4　判定-条件覆盖测试用例设计

测试用例	执行路径	覆盖条件	覆盖分支
x=4、y=6、z=5	abd	T1、T2、T3、T4	bd
x=2、y=5、z=15	ace	-T1、-T2、-T3、-T4	ce

分析：从表面上看，判定/条件覆盖测试了各个判定中的所有条件的取值，但实际上，编译器在检查含有多个条件的逻辑表达式时，某些情况下的某些条件将会被其他条件所掩盖。因此，判定/条件覆盖也不一定能够完全检查出逻辑表达式中的错误。

例如：对于第一个判定(x>3)&&(z<10)来说，必须 x>3 和 z<10 这两个条件同时满足才能确定该判定为真。如果 x>3 为假，则编译器将不再检查 z<10 这个条件，那么即使这个条件有错也无法被发现。对于第二个判定(x==4)||(y>5)来说，若条件 x==4 满足，就认为该判定为真，这时将不会再检查 y>5，那么同样也无法发现这个条件中的错误。

（5）组合覆盖。

组合覆盖的目的是要使设计的测试用例能覆盖每一个判定的所有可能的条件取值组合。

对 DoWork 函数中的各个判定的条件取值组合加以标记：

① x>3，z<10，记做 T1 T2，第一个判定的取真分支；

② x>3，z>=10，记做 T1 -T2，第一个判定的取假分支；

③ x<=3，z<10，记做-T1 T2，第一个判定的取假分支；

④ x<=3，z>=10，记做-T1 -T2，第一个判定的取假分支；

⑤ x==4，y>5，记做 T3 T4，第二个判定的取真分支；

⑥ x==4，y<=5，记做 T3 -T4，第二个判定的取真分支；

⑦ x!=4，y>5，记做-T3 T4，第二个判定的取真分支；

⑧ x!=4，y<=5，记做-T3 -T4，第二个判定的取假分支。

根据组合覆盖的基本思想，设计测试用例如表 4-5 所示。

- 61 -

表 4-5　组合覆盖测试用例设计

测试用例	执行路径	覆盖条件	覆盖组合号
x=4、y=6、z=5	abd	T1、T2、T3、T4	1 和 5
x=4、y=5、z=15	acd	T1、-T2、T3、-T4	2 和 6
x=2、y=6、z=5	acd	-T1、T2、-T3、T4	3 和 7
x=2、y=5、z=15	ace	-T1、-T2、-T3、-T4	4 和 8

分析：上面这组测试用例覆盖了所有 8 种条件取值的组合，覆盖了所有判定的真假分支，但是却丢失了一条路径 abe。

（6）路径覆盖。

前面提到的 5 种逻辑覆盖都未涉及路径的覆盖。事实上，只有当程序中的每一条路径都受到了检验，才能使程序受到全面检验。路径覆盖的目的就是要使设计的测试用例能覆盖被测程序中所有可能的路径。

根据路径覆盖的基本思想，在满足组合覆盖的测试用例中修改其中一个测试用例，则可以实现路径覆盖，如表 4-6 所示。

表 4-6　路径覆盖测试用例设计

测试用例	执行路径	覆盖条件
x=4、y=6、z=5	Abd	T1、T2、T3、T4
x=4、y=5、z=15	acd	T1、-T2、T3、-T4
x=2、y=5、z=15	ace	-T1、-T2、-T3、-T4
x=5、y=5、z=5	abe	T1、T2、-T3、-T4

分析：虽然前面一组测试用例满足了路径覆盖，但并没有覆盖程序中所有的条件组合（丢失了组合 3 和 7），即满足路径覆盖的测试用例并不一定满足组合覆盖。

说明：对于比较简单的小程序，实现路径覆盖是可能做到的。但如果程序中出现较多判断和较多循环，可能的路径数目将会急剧增长，要在测试中覆盖所有的路径是无法实现的。为了解决这个难题，只有把覆盖路径数量压缩到一定的限度内，如程序中的循环体只执行一次。

在实际测试中，即使对于路径数很有限的程序已经做到路径覆盖，仍然不能保证被测程序的正确性，还需要采用其他测试方法进行补充。

例 4.2　对下面程序进行基本路径测试。

```
void   Sort ( int   iRecordNum,int iType )
1 {
2    int   x=0;
3    int   y=0;
4    while ( iRecordNum-- > 0 )
5    {
6       if ( iType==0 )
```

```
7        x=y+2;
8     else
9        if ( iType==1 )
10          x=y+10;
11       else
12          x=y+20;
13    }
14 }
```

基本路径测试方法：

（1）画出控制流图，如图 4-9 所示。

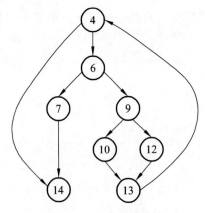

图 4-9　程序控制流图

（2）导出独立路径（用语句编号表示）。

路径 1：4→14；

路径 2：4→6→7→14；

路径 3：4→6→9→10→13→4→14；

路径 4：4→6→9→12→13→4→14。

（3）设计测试用例，如表 4-7 所示。

表 4-7　基本路径测试方法测试用例设计

测试用例	输入数据	预期输出
测试用例 1	irecordnum=0, type=0	x=0，y=0
测试用例 2	irecordnum=1, type=0	x=2，y=0
测试用例 3	irecordnum=1, type=1	x=10，y=0
测试用例 4	irecordnum=1, type=2	x=0，y=20

例 4.3　最多输入 100 个值（-999 为结束标志），计算落在指定范围内的值的个数\总和\平均值。

```
float sum=0;total=0;
```

```
1      float average(value,min,max)
       {
           float value[100];
           int min,max;
           int num,I;      float ave;
           I=0; num=0;
2,3        while (value[i]!=-999 &&   num<100)
           {
4              num++;
5,6            if(value[i]>min   &&   value[i]<max)
               {
7                  total++;     sum=sum+value[i];
               }
8              i++;
9          }
10         if total>0
11         ave=sum/total;
           else
12         ave=-999;
13         return(ave);
       }
```

控制流图如图 4-10 所示。

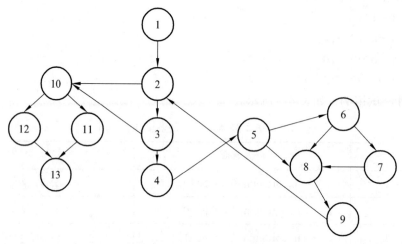

图 4-10   例 4.3 的控制流图

路径分析如下：

路径 1：跳过整个循环。

执行路径：1-2-10-12-13；

测试用例输入为数组第一个元素就为 – 999：value[1]= – 999；

期望结果：ave=－999。

路径 2：只循环一次，且是在指定范围内的值。

执行路径：1-（2-3-4-5-6-7-8-9）-2-10-11-13；

测试用例输入为数组第一个元素为有效值，第二个元素就为－999：value[1]=有效输入，value[2]= -999；

期望结果：值的个数为 1，和就是第一个数的值。

路径 3：只循环一次，且是不在指定范围内的值。

执行路径：1-（2-3-4-5--8-9）-2-10-12-13；

测试用例输入为数组第一个元素为不在指定范围内的某个值，第二个元素就为－999：value[2]=－999；

期望结果：ave=－999。

路径 4：循环两次。

执行路径：1-（2-3-4-5-6-7-8-9）2-2-10-11-13；

value[1]和 value[2]为有效输入，value[3]=－999；

期望结果：基于数组前两个元素的正确平均值。

路径 5：循环两次。

执行路径：1-(2-3-4-5-6-7-8-9)- (2-3-4-5-8-9)-2-10-11-13；

value[1]在指定范围，value[2]为有效输入但不在指定范围，value[3]=－999；

期望结果：基于数组第一个元素的正确平均值。

路径 6：循环两次。

执行路径：1-(2-3-4-5-8-9)-(2-3-4-5-6-7-8-9)-2-10-11-13；

value[1]不在指定范围，value[2]在指定范围，value[3]=－999；

期望结果：基于数组第二个元素的正确平均值。

路径 7：循环两次。

执行路径：1-(2-3-4-5-8-9)2 -2-10-12-13；

value[1]和 value[2]都不在指定范围，value[3]=－999；

期望结果：ave=－999。

路径 8：循环 m 次。

执行路径：1-(2-3-4-5-6-7-8-9)m-2-10-11-13；

value[1]…value[m]均为有效输入，$m<100$，value[$m+1$]=－999；

期望结果：基于前 m 次有效值的正确平均值。

路径 9：循环 m 次。

执行路径：1-(2-3-4-5-6-7-8-9)i-(2-3-4-5-8-9)$m-i$-2-10-11-13；

value[1]…value[i]均为有效输入且在指定范围，$i<m<100$，Value[$i+1$]…value[m]不在指定范围，value[$m+1$]=－999；

期望结果：基于前 i 次有效值的正确平均值。

路径 10：循环 m 次。

执行路径：1-(2-3-4-5-6-7-8-9))m-2-10-12-13；

value[1]…value [m]为有效值但不在指定范围，value[$m+1$]=－999；

期望结果：ave= － 999。

路径 11：循环 99 次。

执行路径：1-(2-3-4-5-6-7-8-9)99-2-10-11-13；

value[1]…value[99]均为有效输入且在指定范围，value[100]= － 999；

期望结果：基于前 99 个值的正确平均值。

路径 12：循环 99 次。

执行路径：1-(2-3-4-5-8-9)99-2-10-11-13；

Value[1]…value[99]均为有效输入但不在指定范围，value[100]= － 999；

期望结果：ave= － 999。

路径 13：循环 99 次。

执行路径：1-(2-3-4-5-6-7-8-9)*i*-(2-3-4-5-8-9)99-*i*-2-10-11-13；

value[1]…value[*i*]均为有效输入且在指定范围，value[*i*+1]…value[99]均为有效输入但不在指定范围，value[100]= － 999，*i*<99；

期望结果：基于前 *i* 次有效值的正确平均值。

路径 14：循环 100 次。

1-(2-3-4-5-6-7-8-9)100-2-3-10-11-13；

value[1]…value[100]均为有效输入且在指定范围；

期望结果：基于 100 个数的正确平均值。

路径 15：循环 100 次。

1-(2-3-4-5-8-9)100-2-3-10-11-13；

value[1]…value[100]均为有效输入但不在指定范围；

期望结果：ave= － 999。

路径 16：循环 100 次。

1-(2-3-4-5-6-7-8-9)*i*-(2-3-4-5-8-9)100-*i*-2-3-10-11-13；

value[1]…value[*i*]均为有效输入且在指定范围，value[i+1]…value[100]均为有效输入但不在指定范围，*i*<100；

期望结果：基于前 *i* 个数的正确平均值。

测试用例如表 4-8 所示。

表 4-8　测试用例

测试用例	输入数据	预期输出
测试用例 1	value[1]= － 999	ave= － 999
测试用例 2	value[1]=50，value[2]= － 999	ave=50
测试用例 3	value[1]=5，value[2]= － 999	ave= － 999
测试用例 4	value[1]=50，value[2]=100，value[3]= － 999	ave=75
测试用例 5	value[1]=5，value[2]=100，value[3]= － 999	ave=100
测试用例 6	value[1]=5，value[2]=9，value[3]= － 999	ave= － 999
测试用例 7	value[1]到 value[50]均为 100，value[51]= － 999	ave 为前 50 个数的平均值

测试用例	输入数据	预期输出
测试用例 8	value[1]到 value[40]均为 100； value[41]到 value[50]均为 5； value[51]＝－999	ave 为前 40 个的平均值
测试用例 9	value[1]到 value[50]均为 1，value[51]＝－999	ave＝－999
测试用例 10	value[1]到 value[99]均为 100，value[100]＝－999	ave 为前 99 个数的平均值
测试用例 11	value[1]到 value[99]均为 1，value[100]＝－999	ave＝－999
测试用例 12	value[1]到 value[60]均为 100； value[61]到 value[99]均为 5； value[51]＝－999	ave 为前 60 个数的平均值
测试用例 13	value[1]到 value[100]均为 90	ave 为 100 个数的平均值
测试用例 14	value[1]到 value[100]均为 9	ave＝－999
测试用例 15	value[1]到 value[70]均为 100； value[71]到 value[100]均为 5	ave 为前 70 个数的平均值

4.4　白盒测试的工具

4.4.1　工具的分类

1．静态测试工具

静态测试工具直接对代码进行分析，不需要运行代码，也不需要对代码编译链接，生成可执行文件。静态测试工具一般是对代码进行语法扫描，找出不符合编码规范的地方，根据某种质量模型评价代码的质量，生成系统的调用关系图等。

静态测试工具的代表有 Telelogic 公司的 Logiscope 软件、PR 公司的 PRQA 软件。

2．动态测试工具

动态测试工具与静态测试工具不同，动态测试工具的一般采用"插桩"的方式，向代码生成的可执行文件中插入一些监测代码，用来统计程序运行时的数据。其与静态测试工具最大的不同就是动态测试工具要求被测系统实际运行。

动态测试工具的代表有 Compuware 公司的 DevPartner 软件、Rational 公司的 Purify 系列。

4.4.2　JUnit 简介

JUnit 是由 Erich Gamma 及 Kent Beck 两人开发的，用于 Jave 语言编写的面向对象程序的单元测试工具，并由 ScoreForge 发行。JUnit 是一个免费软件（Open Source Software）。JUnit 的授权方式为 IBM's Common Public License 1.0 版。

支持的语言：

Smalltalk，Java，C++，Perl，Python 等。

支持的集成开发环境：

JBuilder，VisualAge for Java。

表 4-9　JUnit 说明

	JUnit is…	JUnit is not…
scope	单元测试	整合测试
testware	骨干、架构	完整系统
level	工具	方法论
test case	手动产生	自动产生
test driver / script	部分手写	全自动

JUnit 框架如图 4-11 所示。

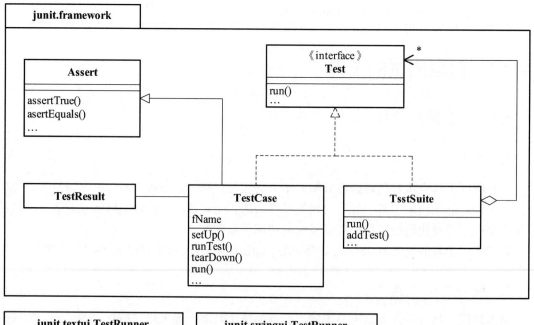

图 4-11　JUnit 框架

Package framework 的主要类说明：

（1）Interface Test：整个测试的基础接口。其主要方法有：

① countTestCases：统计 TestCases 数目。

② run：运行测试并将结果返回到指定的 TestResult 中。

（2）Class Assert:Assert 是一个静态类，它提供的方法都是 Static 的，最常用的是：

.assertTrue：assert 的替代方法，判断一个条件是否为真。

.assertEquals：用于判断实际值和期望值是否相同（Equals），可以是各种 Java 对象。

.assertNotNull：判断一个对象是否不为空。

.assertNull：判断一个对象是否为空。

.assertSame：判断实际值和期望值是否为同一个对象，注意和 assertEquals ()区分。

（3）Class TestCase 为使用者最主要使用的类：

.countTestCases：返回 TestCase 数目。

.run：运行 TestCase，如果没有指定结果存储 TestResult，将调用 createResult 方法。

.setUp：设定了进行初始化的任务，在运行 runTest 前调用 setUp ()。

.tearDown：在运行 runTest 后调用。

（4）Class TestResult 用于运行并收集测试结果（通过 Exception 捕获）。

（5）Class TestSuite 用于将多个 TestCase 集合起来放在一起管理。

Package textui 的主要类说明：

Package textui 仅有一个类 TestRunner，用于实现文本方式的运行。方法调用如下：

[Windows] d:>java junit.textui.TestRunner testCar

[Unix] % java junit.textui.TestRunner testCar

Package swingui 的主要类说明：

Package swingui 仅有一个类 TestRunner，用于实现图形方式的运行。方法调用如下：

[Windows] d:>java junit.swingui.TestRunner testCar

[Unix] % java junit.swingui.TestRunner testCar

JUnit 安装：

（1）获取 JUnit 的软件包，从 JUnit 官网 http://www.junit.org/index.htm 下载最新的软件包。

（2）将其在适当的目录下解包（如安装在 D:\junit2）。这样在安装目录（也就是所选择的解包的目录）下能找到一个名为 junit.jar 的文件。将这个 jar 文件加入 CLASSPATH 系统变量中（IDE 的设置会有所不同，参看所用的 IDE 的配置指南），JUnit 就安装完成了。

Borland Jbuilder 6.0 如图 4-12 所示。

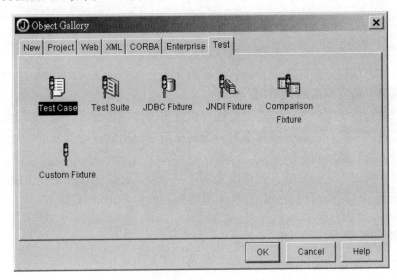

图 4-12　Borland JBuilder 6.0

第5章 黑盒测试技术

5.1 黑盒测试概述

黑盒测试又称为数据驱动测试、基于规格的测试、输入输出测试或者功能测试。黑盒测试基于产品功能规格说明书，从用户角度针对产品特定的功能和特性进行验证活动，确认每个功能是否得到完整实现，用户能否正常使用这些功能。

其有效性建立在对测试结果的评估和对测试过程中确定的变更请求（缺陷）分析的基础上。

1. 黑盒测试主要用途

（1）是否有不正确或遗漏了的功能。

（2）在接口上，能否正确地接收输入数据，能否产生正确地输出信息。

（3）访问外部信息是否有错。

（4）性能上是否满足要求。

（5）界面是否错误，是否不美观。

（6）初始化或终止错误。

2. 黑盒测试的两种基本方法

黑盒测试有两种基本方法，即通过测试和失败测试。

在进行通过测试时，实际上是确认软件能做什么，而不会去考验其能力如何。软件测试员只运用最简单、最直观的测试案例。

在设计和执行测试案例时，总是先要进行通过测试。在进行破坏性试验之前，看一看软件基本功能是否能够实现。这一点很重要，否则在正常使用软件时就会奇怪地发现，为什么会有那么多的软件缺陷出现？

在确信了软件正确运行之后，就可以采取各种手段通过破坏软件来找出缺陷。纯粹为了破坏软件而设计和执行的测试案例，被称为失败测试或迫使出错测试。

3. 黑盒测试的优、缺点

黑盒测试的优点有：

（1）比较简单，不需要了解程序内部的代码及实现。

（2）与软件的内部实现无关。

（3）从用户角度出发，能很容易地知道用户会用到哪些功能，会遇到哪些问题。

（4）基于软件开发文档，所以也能知道软件实现了文档中的哪些功能。

（5）在做软件自动化测试时较为方便。

黑盒测试的缺点有：

（1）不可能覆盖所有的代码，覆盖率较低，大概只能达到总代码量的 30%。

（2）自动化测试的复用性较低。

5.2　黑盒测试的测试用例设计方法

黑盒测试的测试用例设计方法主要为等价类划分法、边界值分析法、正交法、判定法、因果图法和使用场景测试用例法。

5.2.1　等价类划方法

为了保证软件质量，需要做尽量多的测试，但不可能用所有可能的输入数据来测试程序，即穷尽测试是不可能的。我们可以选择一些有代表性的数据来测试程序，但怎样选择呢？等价类划分是解决该问题的一个方法。

1．等价类划方法的理论知识

等价类划分是把所有可能的输入数据，即程序的输入域划分成若干部分（子集），然后从每一个子集中选取少数具有代表性的数据作为测试用例。该方法是一种重要的、常用的黑盒测试用例设计方法。

2．等价类的含义

等价类是指某个输入域的子集合。在该子集合中，各个输入数据对于揭露程序中的错误都是等效的。做出合理地假定：测试某等价类的代表值就等于对这一类其他值的测试。因此，可以把全部输入数据合理划分为若干等价类，在每一个等价类中取一个数据作为测试的输入条件，就可以用少量代表性的测试数据，取得较好的测试结果。等价类划分可有两种不同的情况：有效等价类和无效等价类。

有效等价类：是指对于程序的规格说明来说是合理的，有意义的输入数据构成的集合。利用有效等价类可检验程序是否实现了规格说明中所规定的功能和性能。

无效等价类：与有效等价类的定义恰巧相反。

设计测试用例时，要同时考虑这两种等价类。因为，软件不仅要能接收合理的数据，也要能经受意外的考验。这样的测试才能确保软件具有更高的可靠性。

3．划分等价类的规则

（1）如果输入条件规定了取值范围，可定义一个有效等价类和两个无效等价类。

例：输入值是学生成绩，范围是 0 ~ 100，则

有效等价类为：① 0≤成绩≤100；

无效等价类为：① 成绩 < 0，② 成绩 > 100。

（2）如果规定了输入数据的个数，则类似地可以划分出一个有效等价类和两个无效等价类。

例：一个学生每学期只能选修 1 ~ 3 门课，则

有效等价类为：① 选修 1 ~ 3 门；

无效等价类为：① 不选，② 选修超过 3 门。

（3）如规定了输入数据的一组值，且程序对不同输入值做不同处理，则每个允许的输入值是一个有效等价类，并有一个无效等价类（所有不允许的输入值的集合）。

例：输入条件说明学历可为：专科、本科、硕士、博士四种之一，则

有效等价类为：① 专科、② 本科、③ 硕士、④ 博士；

无效等价类为：① 其他任何学历。

（4）如果规定了输入数据必须遵循的规则，可确定一个有效等价类（符合规则）和若干个无效等价类（从不同角度违反规则）。

例：校内电话号码拨外线为 9 开头，则

有效等价类：① 9 + 外线号码；

无效等价类：① 非 9 开头 + 外线号码；

② 9 + 非外线号码；

……

4. 等价类划分法测试用例设计

（1）对每个输入或外部条件进行等价类划分，形成等价类表，为每一等价类规定一个唯一的编号。

（2）设计一测试用例，使其尽可能多地覆盖尚未覆盖的有效等价类，重复这一步骤，直到所有有效等价类均被测试用例所覆盖。

（3）设计一新测试用例，使其只覆盖一个无效等价类，重复这一步骤直到所有无效等价类均被覆盖。

例 5.1 报表日期。

设某公司要打印 2001—2005 年的报表，其中报表日期为 6 位数字组成，其中，前 4 位为年份，后两位为月份。则使用等价类划分法测试用例设计的方法如下：

第一步：划分等价类，如表 5-1 所示。

表 5-1 划分等价类

输入及外部条件	有效等价类	无效等价类
报表日期的类型及长度	① 6 位数字字符	④ 有非数字字符； ⑤ 少于 6 个数字字符； ⑥ 多于 6 个数字字符
年份范围	② 2001 ~ 2005 年	⑦ 小于 2001； ⑧ 大于 2005
月份范围	③ 在 1 ~ 12 之间	⑨ 小于 1； ⑩ 大于 12

第二步：为有效等价类设计测试用例

对表中编号为①②③的 3 个有效等价类用一个测试用例覆盖，如表 5-2 所示。

表 5-2　为有效等价类设计测试用例

测试数据	期望结果	覆盖范围
200105	输入有效	等价类①②③

第三步：为每一个无效等价类至少设计一个测试用例，如表 5-3 所示。

表 5-3　为每一个无效等价类至少设计一个测试用例

测试数据	期望结果	覆盖范围
001MAY	输入无效	等价类④
20015	输入无效	等价类⑤
2001001	输入无效	等价类⑥
20000	输入无效	等价类⑦
20080	输入无效	等价类⑧
200100	输入无效	等价类⑨
200113	输入无效	等价类⑩

注意：不能出现相同的测试用例，本例的 10 个等价类至少需要 8 个测试用例。

例 5.2　准考证号码。

对招干考试系统"输入学生成绩"子模块设计测试用例。招干考试分三个专业，准考证号第一位为专业代号，如：

1——行政专业；2——法律专业；3——财经专业。

行政专业准考证号码为：110001 ~ 111215；

法律专业准考证号码为：210001 ~ 212006；

财经专业准考证号码为：310001 ~ 314015。

则使用等价类划分法设计测试用例如下：

首先，划分等价类并编号。

有效等价类：

① 110001 ~ 111215；

② 210001 ~ 212006；

③ 310001 ~ 314015。

无效等价类：

④ - ∞ ~ 110000；

⑤ 111216 ~ 210000；

⑥ 212007 ~ 310000；

⑦ 314016 ~ +∞。

然后，为各等价类设计测试用例，如表 5-4 所示。

表 5-4　为各等价类设计测试用例

测试数据	期望结果	覆盖范围
110001	输入有效	①
210001	输入有效	②
310001	输入有效	③
100000	输入无效	④
200000	输入无效	⑤
300000	输入无效	⑥
400000	输入无效	⑦

例 5.3 电话号码。

城市的电话号码由两部分组成，这两部分的名称和内容分别是：

地区码：以 0 开头的 3 位或者 4 位数字（包括 0）；

电话号码：以非 0、非 1 开头的 7 位或者 8 位数字。

假定被调试的程序能接受一切符合上述规定的电话号码，拒绝所有不符合规定的号码，就可用等价分类法来设计它的调试用例，方法如下：

首先，划分等价类并编号，如表 5-5 所示。

表 5-5　划分等价类并编号

输入数据	有效等价类	无效等价类
地区码	① 以 0 开头的 3 位数串； ② 以 0 开头的 4 位数串	③ 以 0 开头的含有非数字字符的串； ④ 以 0 开头的小于 3 位的数串； ⑤ 以 0 开头的大于 4 位的数串； ⑥ 以非 0 开头的数串
电话号码	⑦ 以非 0、非 1 开头的 7 位数串； ⑧ 以非 0、非 1 开头的 8 位数串	⑨ 以 0 开头的数串； ⑩ 以 1 开头的数串； ⑪ 以非 0、非 1 开头的含有非法字符 7 位或者 8 位数串； ⑫ 以非 0、非 1 开头的小于 7 位数串； ⑬ 以非 0、非 1 开头的大于 8 位数串

其次，为有效等价类设计测试用例，如表 5-6 所示。

表 5-6　为有效等价类设计测试用例

测试数据	期望结果	覆盖范围
010　23145678	显示有效输入	①、⑧
023　2234567	显示有效输入	①、⑦
0851　3456789	显示有效输入	②、⑦
0851　23145678	显示有效输入	②、⑧

最后，为每一个无效等价类至少设计一个测试用例，如表 5-7 所示。

表 5-7　为每一个无效等价类至少设计一个测试用例

测试数据	期望结果	覆盖范围
0a34 23456789	显示无效输入	③
05 23456789	显示无效输入	④
01234 23456789	显示无效输入	⑤
2341 23456789	显示无效输入	⑥
028 01234567	显示无效输入	⑨
028 12345678	显示无效输入	⑩
028 qw123456	显示无效输入	⑪
028 623456	显示无效输入	⑫
028 886234569	显示无效输入	⑬

例 5.4　回顾 NextDate 问题。

NextDate 函数包含三个变量 month、day 和 year，函数的输出为输入日期后一天的日期。例如，输入为 1989 年 5 月 16 日，则函数的输出为 1989 年 5 月 17 日。要求输入变量 month、day 和 year 均为整数值，并且满足下列条件，也就是有效等价类：

① $1 \leqslant month \leqslant 12$；

② $1 \leqslant day \leqslant 31$；

③ $1812 \leqslant year \leqslant 2012$；

若条件① ~ ③中任何一个条件失效，则 NextDate 函数都会产生一个输出，指明相应的变量超出取值范围，比如"month 的值不在 1 ~ 12 范围当中"。显然还存在着大量的 year、month、day 的无效组合，我们可以给出下列无效等价类：

④ $month < 1$；

⑤ $month > 12$；

⑥ $day < 1$；

⑦ $day > 31$；

⑧ $year < 1812$；

⑨ $year > 2012$。

测试用例的设计这里就略过，请读者根据划分好的等价类自行设计。

例 5.5　等价类划分法的经典例子是三角形问题。请按照以下题意，使用等价类划分法设计测试用例。

某程序规定：输入三个整数作为三边的边长构成三角形。当此三角形为一般三角形、等腰三角形及等边三角形时，分别做计算……。试用等价类划分方法为该程序的构成三角形部分进行测试用例设计。

使用等价类划分方法必须仔细分析题目给出的要求，本题分析如下：

输入条件的关键之处有：整数、三个数、非零数、正数；

输出条件的关键之处有：应满足两边之长大于第三边、等腰、等边。

则所有等价类如表 5-8 所示。

表 5-8 划分等价类

		有效等价类	号码	无效等价类	号码
输入条件	输入三个整数	整 数	①	一边为非整数	⑫、⑬、⑭
				两边为非整数	⑮、⑯、⑰
				三边为非整数	⑱
		三个数	②	只给一个边	⑲、⑳、㉑
				给了两个边	㉒、㉓、㉔
				给了三个以上	㉕
		非零数	③	一边为 0	㉖、㉗、㉘
				两边为 0	㉙、㉚、㉛
				三边为 0	㉜
		正 数	④	一边 < 0	㉝、㉞、㉟
				两边 < 0	㊱、㊲、㊳
				三边 < 0	㊴
输出条件	构成一般三角形	$a+b>c$	⑤	$a+b<c$	㊵
				$a+b=c$	㊶
		$a+c>b$	⑥	$a+c<b$	㊷
				$a+c=b$	㊸
		$c+b>a$	⑦	$c+b<a$	㊹
				$c+b=a$	㊺
	等腰三角形	$a=b$	⑧		
		$c=b$	⑨		
		$a=c$	⑩		
	等边三角形	$a=b=c$	⑪		

覆盖有效等价类测试用例如表 5-9 所示，覆盖无效等价类测试用例表 5-10 所示。

表 5-9 覆盖有效等价类测试用例

a	b	c	覆盖等价类号码
3	4	5	①～⑦
4	4	5	①～⑦，⑧
4	5	5	①～⑦，⑨
5	4	5	①～⑦，⑩
4	4	7	①～⑦，⑪

表 5-10　覆盖无效等价类测试用例

a	b	c		覆盖等价类号码	a	b	c	覆盖等价类号码
2.5	4	5		⑫	0	0	5	㉙
3	4.5	5		⑬	3	0	0	㉚
3	4	5.5		⑭	0	4	0	㉛
					0	0	0	㉜
3.5	4.5	5		⑮	−3	4	5	㉝
3	4.5	5.5		⑯	3	−4	5	㉞
3.5	4	5.5		⑰	3	4	−5	㉟
3.5	4.5	5.5		⑱	−3	−4	5	㊱
3				⑲	−3	4	−5	㊲
	4			⑳	3	−4	−5	㊳
		5		㉑	−3	−4	−5	㊴
3	4			㉒	3	1	5	㊵
	4	5		㉓	3	2	5	㊶
3		5		㉔	3	1	1	㊷
3	4	5	6	㉕	3	2	1	㊸
0	4	5		㉖	1	4	2	㊹
3	0	5		㉗	3	4	1	㊺
3	4	0		㉘				

5.2.2　边界值分析法

由长期的测试工作经验可知，大量的错误是发生在输入或输出范围的边界上，而不是发生在输入输出范围的内部。因此针对各种边界情况设计测试用例，可以查出更多的错误。

1．边界值分析方法的理论知识

定义：边界值分析法就是对输入或输出的边界值进行测试的一种黑盒测试方法。通常边界值分析法是作为对等价类划分法的补充，这种情况下，其测试用例来自等价类的边界。

2．与等价划分的区别

（1）边界值分析不是从某等价类中随便挑一个作为代表，而是使这个等价类的每个边界都要作为测试条件。

（2）边界值分析不仅考虑输入条件，还要考虑输出空间产生的测试情况。

常见的边界值有：

（1）对 16 bit 的整数而言 32 767 和 −32 768 是边界。

（2）屏幕上光标在最左上、最右下位置。

（3）报表的第一行和最后一行。

（4）数组元素的第一个和最后一个。

（5）循环的第0次、第1次和倒数第2次，以及最后一次。

3. 边界值分析法选择测试用例的原则

（1）如果输入条件规定了值的范围，则应取刚达到这个范围的边界值，以及刚刚超越这个范围的边界值作为测试输入数据。

例如，程序的规格说明中规定："重量在 10～50 kg 范围内的邮件，其邮费计算公式为……"。作为测试用例，我们应取 10 及 50，还应取 10.01，49.99，9.99 及 50.01 等。

（2）如果输入条件规定了值的个数，则用最大个数，最小个数，比最小个数少一，比最大个数多一的数作为测试数据。

例如，一个输入文件应包括 1～255 个记录，则测试用例可取 1 和 255，还应取 0 及 256 等。

（3）将规则（1）和（2）应用于输出条件，即设计测试用例使输出值达到边界值及其左右的值。

例如，某程序的规格说明要求计算出"每月保险金扣除额为 0～1 165.25 元"，其测试用例可取 0.00 及 1165.24、还可取 0.01 及 1165.26 等。

再如，其程序为情报检索系统，要求每次"最少显示 1 条、最多显示 4 条情报摘要"，这时应考虑的测试用例包括 1 和 4，还应包括 0 和 5 等。

（4）如果程序的规格说明给出的输入域或输出域是有序集合，则应选取集合的第一个元素和最后一个元素作为测试用例。

（5）如果程序中使用了一个内部数据结构，则应当选择这个内部数据结构的边界上的值作为测试用例。

（6）分析规格说明，找出其他可能的边界条件。

例 5.6 分析以下代码段：

```
int a[10];
for（i=1;i<=10;i++）

a[i]=0;
```

很明显，这段代码的目的是创建包含 10 个元素的数组，并为数组中的每一个元素赋初值 0。然而由于没有留意数组下标的范围，出现了溢出的问题，使用边界值分析法则可以有效地规避此类问题。

例 5.7 边界值分析法测试用例。

（1）有一个二元函数 $f(x,y)$，其中两个输入变量 $x_1(a \leqslant x_1 \leqslant b)$，$x_2(c \leqslant x_2 \leqslant d)$，采用边界值分析测试用例如图 5-1 所示。

根据边界值分析法，在 x, y 的边界附近选择测试用例，并补充一个正常测试用例，如下所示：

$\{< x_{1\text{nom}},\ x_{2\text{min}} >,\ < x_{1\text{nom}},\ x_{2\text{min}+} >,\ < x_{1\text{nom}},\ x_{2\text{min}-} >,\ < x_{1\text{nom}},\ x_{2\text{nom}} >,\ < x_{1\text{nom}},\ x_{2\text{max}} >,\ < x_{1\text{nom}},$
$x_{2\text{max}-} >,\ < x_{1\text{nom}},\ x_{2\text{max}+} >,\ < x_{1\text{min}},\ x_{2\text{nom}} >,\ < x_{1\text{min}+},\ x_{2\text{nom}} >,\ < x_{1\text{min}-},\ x_{2\text{nom}} >,\ < x_{1\text{max}},\ x_{2\text{nom}} >,$
$< x_{1\text{max}-},\ x_{2\text{nom}} >,\ < x_{1\text{max}+},\ x_{2\text{nom}} >\}$

具体测试用例分布情况如图 5-1 所示（边界值的设计与变量的数据类型有关）。

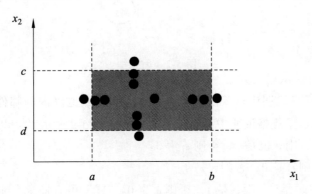

图 5-1　边界值分析测试用例分布图

（2）有函数 $f(x,\ y,\ z)$，其中 $x \in [1\,900,\ 2\,100]$，$y \in [1,\ 12]$，$z \in [1,\ 31]$。请写出该函数采用边界值分析法设计的测试用例。

根据边界值分析法，在 x、y 和 z 的边界附近选择测试用例，并补充了一个正常测试用例 $<1\,900,\ 6,\ 15>$ 如下所示：

$\{<2\,000,\ 6,\ 1>,\ <2\,000,\ 6,\ 2>,\ <2\,000,\ 6,\ 30>,\ <2\,000,\ 6,\ 31>,\ <2\,000,\ 1,\ 15>,$
$<2\,000,\ 2,\ 15>,\ <2\,000,\ 11,\ 15>,\ <2\,000,\ 12,\ 15>,\ <1\,900,\ 6,\ 15>,\ <1\,901,\ 6,\ 15>,$
$<2\,099,\ 6,\ 15>,\ <2\,100,\ 6,\ 15>,\ <2\,000,\ 6,\ 15>\}$

5.2.3　因果图方法

前面介绍的等价类划分方法和边界值分析方法，都是着重考虑输入条件，但未考虑输入条件之间的联系以及相互组合等。考虑输入条件之间的相互组合，可能会产生一些新的情况。但要检查输入条件的组合不是一件容易的事情，即使把所有输入条件划分成等价类，它们之间的组合情况也相当多。因此必须考虑采用一种适合于描述多种条件的组合，相应产生多个动作的形式来考虑设计测试用例，这就需要利用因果图（逻辑模型）。因果图方法最终生成的就是判定表，它适合于检查程序输入条件的各种组合情况。

1. 因果图介绍

因果图中使用了简单的逻辑符号，以直线连接左右结点。左结点表示输入状态（或称原因），右结点表示输出状态（或称结果），具体情况如图 5-2 所示。

c_i 表示原因，通常置于图的左部；e_i 表示结果，通常在图的右部。c_i 和 e_i 均可取值 0 或 1，0 表示某状态不出现，1 表示某状态出现。

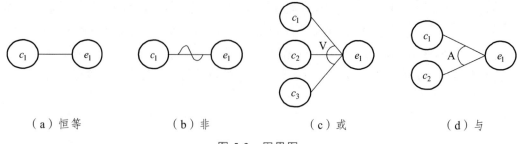

（a）恒等　　　　（b）非　　　　（c）或　　　　（d）与

图 5-2　因果图

1）因果图概念——关系

4 种符号分别表示了规格说明中 4 种因果关系，如图 5-2 所示。

恒等：若 c_1 是 1，则 e_1 也是 1；否则 e_1 为 0。

非：若 c_1 是 1，则 e_1 是 0；否则 e_1 是 1。

或：若 c_1 或 c_2 或 c_3 是 1，则 e_1 是 1；否则 e_1 为 0。"或"可有任意个输入。

与：若 c_1 和 c_2 都是 1，则 e_1 为 1；否则 e_1 为 0。"与"也可有任意个输入。

2）因果图概念——约束

输入状态相互之间还可能存在某些依赖关系，称为约束。例如，某些输入条件不可能同时出现。输出状态之间也往往存在约束。在因果图中，用特定的符号标明这些约束，如图 5-3 所示。

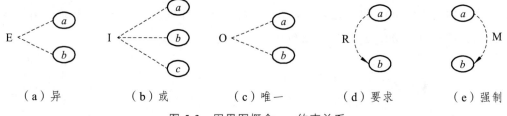

（a）异　　　　（b）或　　　　（c）唯一　　　　（d）要求　　　　（e）强制

图 5-3　因果图概念——约束关系

（1）输入条件的约束有以下 4 类：

① E 约束（异）：a 和 b 中至多有一个可能为 1，即 a 和 b 不能同时为 1。

② I 约束（或）：a、b 和 c 中至少有一个必须是 1，即 a、b 和 c 不能同时为 0。

③ O 约束（唯一）：a 和 b 必须有一个，且仅有 1 个为 1。

④ R 约束（要求）：a 是 1 时，b 必须是 1，即不可能 a 是 1 时 b 是 0。

（2）输出条件约束类型

输出条件的约束只有 M 约束（强制）：若结果 a 是 1，则结果 b 强制为 0。

2．利用因果图生成测试用例的步骤

（1）分析软件规格说明描述中，哪些是原因（即输入条件或输入条件的等价类），哪些是结果（即输出条件），并给每个原因和结果赋予一个标识符。

（2）分析软件规格说明描述中的语义。找出原因与结果之间，原因与原因之间对应的关系。根据这些关系画出因果图。

（3）由于语法或环境限制，有些原因与原因之间，原因与结果之间的组合情况不可能出现。为表明这些特殊情况，在因果图上用一些记号表明约束或限制条件。

（4）把因果图转换为判定表。

3．因果图法举例

例 5.8　某软件规格说明书包含这样的要求：第一列字符必须是 A 或 B，第二列字符必须是一个数字，在此情况下进行文件的修改，但如果第一列字符不正确，则给出信息 L；如果第二列字符不是数字，则给出信息 M。

解答：

根据题意，原因和结果如下：

原因：

① 第一列字符是 A；

② 第一列字符是 B；

③ 第二列字符是一数字。

结果：

㉑——修改文件；

㉒——给出信息 L；

㉓——给出信息 M。

其对应的因果图如图 5-4 所示，11 为中间节点。考虑到原因 1 和原因 2 不可能同时为 1，因此在因果图上施加 E 约束。

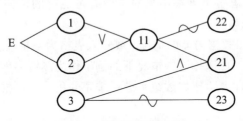

图 5-4　例 5.8 的因果图

根据因果图建立判定表，如表 5-11 所示。

表 5-11　建立的判定表

		1	2	3	4	5	6	7	8
原因（条件）	1	1	1	1	1	0	0	0	0
	2	1	1	0	0	1	1	0	0
	3	1	0	1	0	1	0	1	0
	11			1	1	1	1	0	0
动作（结果）	22			0	0	0	0	1	1
	21			1	0	1	0	0	0
	23			0	1	0	1	0	1

把判定表的每一列拿出来作为依据，设计测试用例 ，如表 5-12 所示。

表 5-12 设计的测试用例表

		1	2	3	4	5	6	7	8
原因（条件）	1	1	1	1	1	0	0	0	0
	2	1	1	0	0	1	1	0	0
	3	1	0	1	0	1	0	1	0
	11			1	1	1	1	0	0
动作（结果）	22			0	0	0	0	1	1
	21			1	0	1	0	0	0
	23			0	1	0	1	0	1
测试用例				A6	Aa	B9	BP	C5	HY
				A0	A@	B1	B*	H4	E%

5.2.4 错误推测法

1. 定 义

错误推测法基于经验和直觉推测程序中所有可能存在的各种错误，从而有针对性的设计测试用例的方法。

2. 错误推测方法的基本思想

错误推测方法的基本思想是列举出程序中所有可能有的错误和容易发生错误的特殊情况，根据它们选择测试用例。

例如，输入数据和输出数据为 0 的情况，或输入表格为空格或输入表格只有一行。 这些都是容易发生错误的情况，可选择这些情况下的例子作为测试用例。

再如，测试一个对线性表（比如数组）进行排序的程序，可推测列出以下几项需要特别测试的情况：

输入的线性表为空表；

表中只含有一个元素；

输入表中所有元素已排好序；

输入表已按逆序排好；

输入表中部分或全部元素相同。

5.2.5 功能图分析方法

功能图方法是用功能图 FD 形式化地表示程序的功能说明，并机械地生成功能图的测试用例。功能图模型由状态迁移图和逻辑功能模型构成，状态迁移图用于表示输入数据序列以及相应的输出数据，在状态迁移图中，由输入数据和当前状态决定输出数据和后续状态。

1. 功能图

功能图模型是由状态图和逻辑功能模型构成的，状态图用于表示输入数据序列以及相应的输出数据，逻辑功能用于表示状态中输入条件与输出条件之间的对应关系。

2. 测试用例生成方法

从功能图生成测试用例，得到的测试用例数是可接受的。问题的关键的是如何从状态迁移图中选取测试用例，若用节点代替状态，用弧线代替迁移，则状态迁移图就可转化成一个程序的控制流程图形式。这样问题就转化为程序的路径测试问题（如白盒测试）了。

3. 测试用例生成规则

为了把状态迁移（测试路径）的测试用例与逻辑模型（局部测试用例）的测试用例组合起来，从功能图生成实用的测试用例，须定义下面的规则：在一个结构化的状态迁移（SST）中，定义三种形式的循环：顺序，选择和重复。但分辨一个状态迁移中的所有循环是有困难的。

4. 从功能图生成测试用例的步骤

（1）生成局部测试用例：在每个状态中，从因果图生成局部测试用例。局部测试用例由原因值（输入数据）组合与对应的结果值（输出数据或状态）构成。

（2）测试路径生成：利用上面的规则（三种）生成从初始状态到最后状态的测试路径。

（3）测试用例合成：合成测试路径与功能图中每个状态中的局部测试用例。结果是初始状态到最后状态的一个状态序列，以及每个状态中输入数据与对应输出数据的组合。

5.2.6　场景法

软件几乎都是用事件触发来控制流程的，事件触发时的情景便形成了场景。这种在软件设计方面的思想也可以引入到软件测试中，可以比较生动地描绘出事件触发时的情景，有利于测试设计者设计测试用例，同时使测试用例更容易理解和执行。图 5-5 所示为场景说明图，各个场景分析如表 5-13 所示。

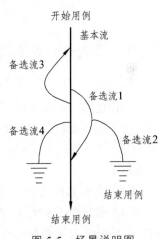

图 5-5　场景说明图

表 5-13　各个场景分析列表

场景 1	基本流		
场景 2	基本流	备选流 1	
场景 3	基本流	备选流 1	备选流 2
场景 4	基本流	备选流 3	

续表

场景 5	基本流	备选流 3	备选流 1	
场景 6	基本流	备选流 3	备选流 1	备选流 2
场景 7	基本流	备选流 4		
场景 8	基本流	备选流 3	备选流 4	
注意：	为方便起见，场景 5、6 和 8 只描述了备选流 3 指示的循环执行一次的情况			

例 5.9 使用场景法设计 ATM 系统的测试用例。

ATM 系统模型如图 5-6 所示。

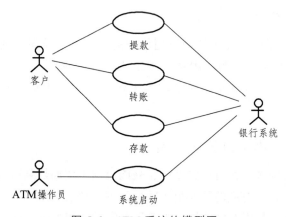

图 5-6 ATM 系统的模型图

1. 基本流和备选流分析

1）ATM "提款" 用例：基本流

本用例的开端是 ATM 处于准备就绪状态，步骤如下：

（1）准备提款。客户将银行卡插入 ATM 机的读卡机。

（2）验证银行卡。ATM 机从银行卡的磁条中读取账户代码，并检查它是否属于可以接收的银行卡。

（3）输入 PIN-ATM。要求客户输入 PIN 码（4 位）。

（4）验证账户代码和 PIN。验证账户代码和 PIN 以确定该账户是否有效以及所输入的 PIN 对该账户来说是否正确。对于此事件流，账户是有效的而且 PIN 对此账户来说正确无误。

（5）ATM 选项。ATM 显示在本机上可用的各种选项。在此事件流中，银行客户通常选择 "提款"。

（6）输入金额。要从 ATM 中提取的金额。对于此事件流，客户需选择预设的金额（10 元、20 元、50 元或 100 元）。

（7）授权。ATM 通过将卡 ID、PIN、金额以及账户信息作为一笔交易发送给银行系统来启动验证过程。对于此事件流，银行系统处于联机状态，而且对授权请求给予答复，批准完成提款过程，并且据此更新账户余额。

（8）出钞。提供现金。

（9）返回银行卡。银行卡被返还。

（10）收据。打印收据并提供给客户。ATM 还会相应地更新内部记录。

用例结束时 ATM 又回到准备就绪状态。

2）ATM "提款" 用例：备选流

备选流 1：银行卡无效。

在基本流步骤（2）中（验证银行卡），如果卡是无效的，则卡被退回，同时会通知相关消息。

备选流 2：ATM 内没有现金。

在基本流步骤（5）中（ATM 选项），如果 ATM 内没有现金，则 "提款" 选项将无法使用。

备选流 3：ATM 内现金不足。

在基本流步骤（6）中（输入金额），如果 ATM 机内金额少于请求提取的金额，则将显示一则适当的消息，并且在步骤（6）输入金额处重新加入基本流。

备选流 4：PIN 有误。

在基本流步骤（4）中（验证账户和 PIN），客户有三次机会输入 PIN。如果 PIN 输入有误，ATM 将显示适当的消息；如果还存在输入机会，则此事件流在步骤（3）输入 PIN 处重新加入基本流。如果最后一次尝试输入的 PIN 码仍然错误，则该卡将被 ATM 机保留，同时 ATM 返回到准备就绪状态，本用例终止。

备选流 5：账户不存在。

在基本流步骤（4）中（验证账户和 PIN），如果银行系统返回的代码表明找不到该账户或禁止从该账户中提款，则 ATM 显示适当的消息并且在步骤（9）返回银行卡处重新加入基本流。

备选流 6：账面金额不足。

在基本流步骤（7）中（授权），银行系统返回代码表明账户余额少于在基本流步骤（6）输入金额内输入的金额，则 ATM 显示适当的消息并且在步骤（6）输入金额处重新加入基本流。

备选流 7：达到每日最大的提款金额。

在基本流步骤（7）中（授权），银行系统返回的代码表明包括本提款请求在内，客户已经或将超过在 24 小时内允许提取的最多金额，ATM 显示适当的消息并在步骤（6）输入金额上重新加入基本流。

备选流 8：记录错误。

如果在基本流步骤（10）中（收据），记录无法更新，则 ATM 进入 "安全模式"，在此模式下所有功能都将暂停使用。同时向银行系统发送一条适当的警报信息表明 ATM 已经暂停工作。

备选流 9：退出客户可随时决定终止交易（退出）。

交易终止，银行卡随之退出。

备选流 10："翘起"。

ATM 包含大量的传感器，用以监控各种功能，如电源检测器、不同的门和出入口处的测压器以及动作检测器等。在任一时刻，如果某个传感器被激活，则警报信号将发送给警方而且 ATM 进入"安全模式"，在此模式下所有功能都暂停使用，直到采取适当的重启/重新初始化的措施。

2．ATM 各种场景分析

"提款"用例场景：

场景 1：成功的提款；基本流。

场景 2：ATM 内没有现金；基本流，备选流 2。

场景 3：ATM 内现金不足；基本流，备选流 3。

场景 4：PIN 有误（还有输入机会）；基本流，备选流 4。

场景 5：PIN 有误（不再有输入机会）；基本流，备选流 4。

场景 6：账户不存在/账户类型有误；基本流，备选流 5。

场景 7：账户余额不足；基本流，备选流 6。

注：为方便起见，备选流 3 和 6（场景 3 和 7）内的循环以及循环组合未纳入上表。

3．构造测试用例设计矩阵

表 5-14   ATM 系统测试用例设计矩阵

TC（测试用例）ID 号	场景/条件	PIN	账号	输入的金额或选择的金额	账面金额	ATM 内的金额	预期结果
CW1.	场景 1：成功的提款	4978	809 – 498	50.00	500.00	2.000	成功的提款。账户余额被更新为 450.00
CW2.	场景 2：TTM 内没有现金	4978	809 – 498	100.00	500.00	0.00	提款选项不可用，用例结束
CW3.	场景 3：ATM 内现金不足	4978	809 – 498	100.00	500.00	70.00	警告消息，返回基本流步骤（6）输入金额
CW4.	场景 4：PIN 有误（还有不止一次输入机会）	4978	809 – 498	n/a	500.00	2.000	警告消息，返回基本流步骤（4），输入 PIN
CW5.	场景 4：PIN 有误（还有一次输入机会）	4978	809 – 498	n/a	500.00	2.000	警告消息，返回基本流步骤（4），输入 PIN
CW6.	场景 4：PIN 有误（不再有输入机会）	4978	809 – 498	n/a	500.00	2.000	警告消息，卡予保留，用例结束

4. 设计测试用例实施矩阵

表 5-15　ATM 系统测试用例实施矩阵

TC（测试用例）ID 号	场景/条件	PIN	账号	输入的金额（或选择的金额）	账面金额	ATM 内的金额	预期结果
CW1.	场景 1：成功的提款	V	V	V	V	V	成功的提款
CW2.	场景 2：ATM 内没有现金	V	V	V	V	I	提款选择不可用，用例结束
CW3.	场景 3：ATM 内现金不足	V	V	V	V	I	警告消息，返回基本流步骤（6）输入金额
CW4.	场景 4：PIN 有误（还有不止一次输入机会）	I	V	n/a	V	V	警告消息，返回基本流步骤（4）输入 PIN
CW5.	场景 4：PIN 有误（还有一次输入机会）	I	V	n/a	V	V	警告消息，返回基本流步骤（4）输入 PIN
CW6.	场景 4：PIN 有误（不再有输入机会）	I	V	n/a	V	V	警告消息，卡予保留，用例结束

第6章　单元测试

6.1　单元测试的内容

单元测试是针对程序模块进行正确性检验的测试，其目的在于发现各模块内部可能存在的各种差错。单元测试需要从程序的内部结构出发设计测试用例，多个模块可以平行地独立进行单元测试。单元测试内容如图 6-1 所示。

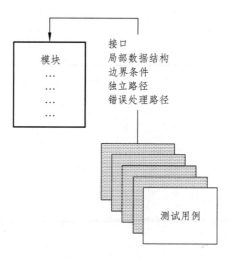

图 6-1　单元测试

1. 模块接口测试

对通过被测模块的数据流进行测试。为此，对模块接口，包括参数表、调用子模块的参数、全程数据、文件输入/输出操作都必须检查。

2. 局部数据结构测试

设计测试用例检查数据类型说明、初始化、缺省值等方面的问题，还要查清全局数据对模块的影响。

3．路径测试

选择适当的测试用例，对模块中重要的执行路径进行测试。对基本执行路径和循环进行测试可以发现大量的路径错误。

4．错误处理测试

检查模块的错误处理功能是否包含有错误或缺陷。例如，是否拒绝不合理的输入；出错的描述是否难以理解，是否对错误定位有误，是否出错原因报告有误，是否对错误条件的处理不正确；在对错误处理之前错误条件是否已经引起系统的干预等。

5．边界测试

要特别注意数据流、控制流中刚好等于、大于或小于确定的比较值时出错的可能性。对这些地方要仔细地选择测试用例，认真加以测试。

此外，如果对模块运行时间有要求的话，还要专门进行关键路径测试，以确定最坏情况下和平均意义下影响模块运行时间的因素。这类信息对进行性能评价是十分有用的。

6.2　单元测试的测试方法

在单元测试阶段，应使用白盒测试方法和黑盒测试方法对被测单元进行测试，其中以使用白盒方法为主。

在单元测试阶段以使用白盒测试方法为主，是指在单元测试阶段，白盒测试消耗的时间、人力、物力等成本一般会大于黑盒测试的成本。

6.3　单元测试过程

单元测试的实施应遵循一定的步骤，力争做到有计划、可重用。单元测试的步骤如下：

（1）计划单元测试；

（2）设计单元测试；

（3）实现单元测试；

（4）执行单元测试；

（5）单元测试结果分析并提交测试报告。

单元测试过程如图 6-2 所示。

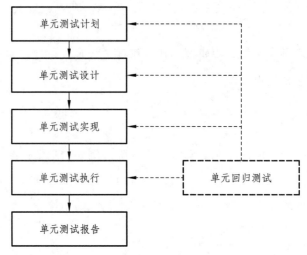

图 6-2   单元测试过程

1. 单元测试计划

主要任务是依据测试策略和相关文档，例如《软件需求分析说明书》《软件设计说明书》《项目计划》等确定单元测试目的，识别单元测试需求，安排测试进度，规划测试资源，制订测试开始和结束准则，说明回归测试方法和缺陷跟踪过程并使用合适的模板将这些内容编写以到《软件单元测试计划》文档中。

2. 单元测试设计

主要任务是根据各项测试需求确定单元测试方案，包括：
① 测试所依据的标准和文档；
② 测试使用的方法例如白盒、黑盒或其他；
③ 缺陷属性的说明；
④ 结论的约定等；
如果需要编写测试代码或测试工具还需准备测试代码与工具的设计描述。

3. 单元测试实现

依据规范开发单元测试用例并确保满足测试需求，测试用例可以是手工测试用例，也可以是自动化测试脚本。

4. 单元测试执行

主要任务是搭建测试环境，运行测试用例以发现被测单元中的缺陷，当发现缺陷后提交缺陷问题报告单并在缺陷修复后对缺陷的修正进行验证。

5. 单元测试报告

对测试过程进行总结，提供相关测试数据说明和缺陷说明，评价被测对象并给出改进意见，输出《软件单元测试报告》。

单元测试中还有一些辅助性但也非常重要的活动：

① 进行需求跟踪以验证分配到该软件单元的需求是否已完全实现；

② 跟踪和解决单元测试缺陷；

③ 更新用户文档；

④ 阶段评审；

⑤ 单元过程资产基线；

⑥ 编写任务总结报告等；

6.4　单元测试活动

6.4.1　角色和职责

单元测试通常由单元的开发者承担，开发人员需要在单元测试阶段负责完成单元测试计划、方案和报告。在单元测试过程中还可能涉及的主要角色包括：

① 系统分析设计人员：保证需求的变更并进行软件单元可测性分析，确定单元测试的对象、范围和方法。

② 软件测试工程师：负责参与单元测试类文档的评审，对单元测试计划、设计和执行质量进行监控，根据实际情况，可选择参与由开发人员负责的代码评审、单元测试等活动。

③ 配置管理人员：对代码及单元测试文档进行配置管理。

④ 质量保证人员：单元测试过程进行审计。

6.4.2　单元测试计划

单元测试计划指明了单元测试的过程，明确此次单元测试的目的。单元测试计划内容包括：

① 目的；

② 测试方法；

③ 测试范围；

④ 测试交付件；

⑤ 测试过程准则；

⑥ 工作任务分布；

⑦ 测试进度；

⑧ 测试资源；

⑨ 测试用例结构及其用例；

⑩ 测试结论约定。

6.4.3　测试方法

根据项目要求和被测单元特征，指明在本次单元测试中所采用的发现缺陷的技术，例如常规的白盒测试、黑盒测试、自动化测试或者复用类似的测试等。

6.4.4　测试范围

测试范围明确此次单元测试"做什么"和"不做什么"，依据项目安排测试哪些单元，每个单元需要测试哪些内容。按照常规观点，围绕单元的设计功能，单元测试常需要包括单元的接口测试、局部数据结构测试、边界条件测试、所有独立执行通路测试和各条错误处理测试等几大方面。

（1）单元接口测试是单元测试的基础，主要检查进出单元的数据是否正确：

实际的输入与定义的输入是否一致，包括个数、类型、顺序；

对于非内部/局部变量是否合理使用；

使用其他模块时，是否检查可用性和处理结果；

使用外部资源时，是否检查可用性及时释放资源，包括内存、文件和端口等。

（2）局部数据结构测试能检查局部数据结构能否保持完整：

变量从来没有被使用，包括可能别的地方使用了错误的变量名；

变量没有初始化；

错误的类型转换；

数组越界；

非法指针；

变量或函数名称拼写错误，包括使用了外部变量或函数。

（3）单元独立执行路径测试，主要检查由于计算错误、判断错误、控制流错误导致的代码缺陷：

死代码；

错误的计算优先级；

精度错误，包括比较运算错误、赋值错误；

表达式的不正确符号；

循环变量的使用错误、包括错误赋值。

（4）单元内部错误处理测试，主要检查内部错误处理设施是否有效：

是否检查错误出现，包括资源使用前后、其他模块使用前后；

出现错误是否进行处理，包括抛出错误、通知用户、进行记录；

错误处理是否有效，包括在系统干预前处理、报告和记录的错误都应真实详细。

（5）边界条件测试，主要临界数据是否正确处理：

普通合法数据是否正确处理；

普通非法数据是否正确处理；

边界内最接近边界的合法数据是否正确处理；

边界内最接近边界的非法数据是否正确处理。

（6）其他方面的测试，主要包括单元的运行时的特征：

内存分配；

动态绑定；

运行时类型信息；

被测单元性能；

可维护性。

6.5　测试过程准则

测试过程准则定义了单元测试在什么条件下开始、结束、挂起以及恢复。即：满足什么条件可以开始单元测试即单元测试的入口准则；满足什么条件单元测试可以结束即单元测试的停止准则；出现哪些情况单元测试可以挂起即单元测试的受阻准则；满足了哪些条件便可以恢复被挂起的单元测试即单元测试的恢复准则。测试过程应重点考虑以下几个方面：

（1）工作任务分解（WBS）：明确此次单元测试任务的分解情况及各个单项之间的关系。

（2）测试进度：依据估计的单元测试工作量，基于任务分解情况和可用资源情况，制订每项任务开始和结束的时间点。

（3）测试资源：为了进行此次单元测试所需的人力资源（包括角色及其职责）、环境资源、工具等相关资源。

（4）测试结论约定：描述了为了达成共识，针对某些项而制订的统一标准，例如测试用例优先级、缺陷严重级别定义、缺陷优先级等。

6.6　单元测试用例设计

单元测试用例设计要综合运用多种测试用例设计方法，包括白盒测试和黑盒测试，从正向、反向对被测单元进行较为彻底的测试以说明单元功能达到预期设计的目的。

（1）首先需要设计一些测试用例说明单元基本可用。

（2）接着需要从正向、反向并结合单元的特点对单元的设计功能进行彻底的测试。

（3）在这个结果的基础上，如果设计的测试用例没有达到单元测试的覆盖要求，还需要为此补充相关测试用例。

（4）最后，需要设计测试用例关注被测单元的数据持久性、通信问题、多线程特性、内存使用情况、性能、表现层等方面是否达到设计要求。

6.7 单元测试执行

6.7.1 搭建单元测试环境

通常单元测试在编码阶段进行。在源程序代码编制完成，经过评审和验证，确认没有语法错误之后，就开始进行单元测试的测试用例设计。利用设计文档，设计可以验证程序功能、找出程序错误的多个测试用例。对于每一组输入，应有预期的正确结果。

模块并不是一个独立的程序，在考虑测试模块时，同时要考虑它和外界的联系，用一些辅助模块去模拟与被测模块相联系的其他模块。这些辅助模块分为两种：

① 驱动模块：相当于被测模块的主程序。它接收测试数据，把这些数据传送给被测模块，最后输出实测结果。

② 桩模块：用以代替被测模块调用的子模块（也就是说被测模块有时需要一些子模块的支持，才能进行测试，这时使用桩模块代替来进行，比如网络游戏中的机器人产生程序）。桩模块可以做少量的数据操作，不需要把子模块所有功能都带进来，但也不允许什么事情都不做。

被测模块、与它相关的驱动模块及桩模块共同构成了一个"测试环境"，如图 6-3 所示。

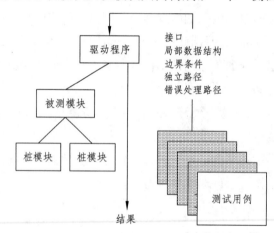

图 6-3 单元测试的测试环境

如果一个模块要完成多种功能，且以程序包或对象类的形式出现，例如 Ada 中的包，Modula 中的模块，C++中的类。这时可以将这个模块看成由几个小程序组成。对其中的每个小程序先进行单元测试，对关键模块还要做性能测试。对支持某些标准规程的程序，更要着手进行互联测试。有人把这种特殊情况的测试称为模块测试，以区别单元测试。

由于驱动模块是模拟主程序或者调用模块的功能，处于被测试模块的上层，所以驱动模块只需要模拟向被测模块传递数据，接收、打印从被测模块返回的数据的功能，较容易实现。而桩模块用于模拟那些由被测模块所调用的下属模块的功能，由于下属模块往往不止一个，也不只一层，由于模块接口的复杂性，桩模块很难模拟各下层模块之间的调用关系，同时为了模拟下层模块的不同功能，需要编写多个桩模块，而这些桩模块所模拟的功能是否正确，也很难进行验证。所以，驱动模块的设计要比桩模块容易多了。

驱动模块和桩模块都是额外开销，这两种模块虽然在单元测试中必须实现，但却不作为最终的软件产品提供给用户。如果驱动模块和桩模块很简单的话，那么开销相对较低，然而，使用"简单"的模块是不可能进行足够的单元测试的，模块间接口的全面检查便会推迟到集成测试时进行。

在执行单元测试阶段的动态测试时，应建立单元测试的环境，使被测模块能够运行起来。这使得测试人员很可能面临着开发驱动模块（Driver）和桩模块（Stub）的任务。

驱动模块是用来代替被测单元的上层模块的。驱动模块能接收测试数据，调用被测单元，也就是将数据传递给被测单元，最后打印测试的执行结果。可将驱动模块理解为被测单元的主程序。

桩模块，又称为存根模块，它用来代替被测单元的子模块。设计桩模块的目的是模拟实现被测单元的接口。桩模块不需要包括子模块的全部功能，但应做少量的数据操作，并打印接口处的信息。

6.7.2　单元测试用例设计

单元测试的内容如图 6-4 所示。

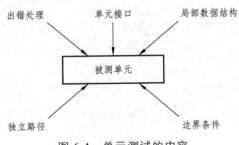

图 6-4　单元测试的内容

1. 模块接口测试

对通过被测模块的数据流进行测试，检查进出模块的数据是否正确。检查项如下：

输入的实际参数与形式参数是否一致（个数、属性、量纲）；

调用其他模块的实际参数与被调模块的形参是否一致（个数、属性、量纲）；

全程变量的定义在各模块是否一致；

外部输入、输出（文件、缓冲区、错误处理）；

其他。

2. 模块局部数据结构测试

检查局部数据结构能否保持完整性。检查项如下：

不正确或不一致的数据类型说明；

变量没有初始化；

变量名拼写错或书写错；

数组越界；

非法指针；

全局数据对模块的影响。

3. 模块边界条件测试

检查临界数据是否正确处理。检查项如下：

普通合法数据是否正确处理；

普通非法数据是否正确处理；

边界内最接近边界的（合法）数据是否正确处理；

边界外最接近边界的（非法）数据是否正确处理。

4. 模块独立执行路径测试

对模块中重要的执行路径进行测试。检查由于计算错误、判定错误、控制流错误导致的程序错误。检查项如下：

运算符优先级；

混合类型运算；

精度不够；

表达式符号；

循环条件，死循环；

其他。

5. 模块内部错误处理测试

检查内部错误处理设施是否有效。检查项如下：

是否检查错误出现；

出现错误，是否进行错误处理 （抛出错误、通知用户、进行记录）；

错误处理是否有效；

输出的出错信息难以理解；

记录的错误与实际不相符；

异常处理不当；

未提供足够的定位出错的信息；

其他。

6.7.3 单元测试策略

单元测试主要有三种策略：自顶向下的单元测试；自底向上的单元测试；孤立单元测试。

1. 自顶向下的单元测试

方法：先对最顶层的基本单元进行测试，把所有调用的单元做成桩模块。然后再对第二层的基本单元进行测试，使用上面已测试的单元作为驱动模块。依此类推直到测试完所有基本单元。

优点：在集成测试前提供早期的集成途径；在执行上和详细设计的顺序一致；不需要开发驱动模块。

缺点：随着测试的进行，测试过程越来越复杂，开发和维护成本增加。

总结：比孤立单元测试的成本高很多，不是单元测试的一个好的选择。

2.　自底向上的单元测试

方法：先对最底层的基本单元进行测试，模拟调用该单元的单元作为驱动模块。然后再对上面一层进行测试，用下面已被测试过的单元作为桩模块。依此类推，直到测试完所有单元。

优点：在集成测试前提供系统早期的集成途径；不需要开发桩模块。

缺点：随着测试的进行，测试过程越来越复杂。

总结：比较合理的单元测试策略，但测试周期较长。

3.　孤立单元测试

方法：不考虑每个单元与其他单元之间的关系，为每个单元设计桩模块或驱动模块。每个模块进行独立的单元测试。

优点：简单、容易操作，可达到高的结构覆盖率。

缺点：不提供一种系统早期的集成途径。

总结：最好的单元测试策略。

6.7.4　执行单元测试

1.　方　法

单元测试可以完全手工执行，也可以借助工具执行或者使用两者的结合。单元测试过程的执行如图 6-5 所示。

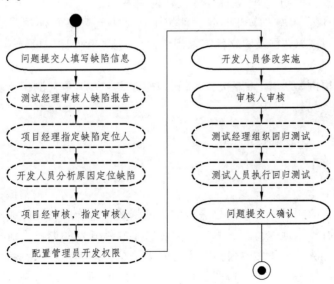

图 6-5　执行单元测试过程

2. 单元测试中的缺陷跟踪

缺陷一定要记录；

一般采用简化流程。

6.7.5 单元测试常用工具简介

单元测试常用工具分为静态测试工具（静态分析工具）和动态测试工具，包括 JUnit Framework，IBM Rational Purecoverage，IBM Rational Purify，IBM Rational Quantify。

6.8 单元测试报告

单元测试报告总结了整个单元测试过程并可提供有利于过程改进的信息，如：

计划的测试用例数；

修改的测试用例数；

删除的测试用例数；

实际执行的测试用例数；

未测用例数量和未测原因；

发现的严重缺陷数量；

挂起缺陷数量；

评估测试单元；

改进建议。

单元测试的文档包括：

①《软件需求规格说明书》《软件详细设计说明书》。

②《单元测试计划》《软件详细设计说明书》→《单元测试用例》。

③《单元测试用例》文档及《软件需求规格说明书》《软件详细设计说明书》→《缺陷跟踪报告》/《缺陷检查表》。

④《单元测试用例》《缺陷跟踪报告》《缺陷检查表》→《单元测试检查表》。

⑤ 评估→《单元测试报告》。

6.9 小 结

单元测试是所有的测试活动中最早进行的一种测试，它能以最低的成本发现和修复软件单元中的错误。应有计划地执行单元测试，并在整个软件开发的周期内对其进行维护，使单元测试可重用。单元测试采用白盒及黑盒方法对被测单元从静态和动态两方面进行测试。在执行单元测试阶段的动态测试时，应注重建立单元测试的环境，以达到对被测单元进行测试的目的。

第 7 章　集成测试

7.1　集成测试概念

集成测试又称"组装测试""联合测试"。集成测试遵循特定的策略和步骤将已经通过单元测试的各个软件单元（或模块）逐步组合在一起进行测试，以期望通过测试发现各软件单元接口之间存在的问题。

集成测试对象：理论上凡是两个单元（如函数单元）的组合测试都可以叫作集成测试。实际操作中，通常集成测试的对象为模块级的集成和子系统间的集成，其中子系统集成测试称为组件测试。

集成测试在单元测试和系统测试间起到承上启下的作用；既能发现大量单元测试阶段不易发现的接口类错误，又可以保证在进入系统测试前及早发现错误，减少损失；对系统而言，接口错误是最常见的错误；单元测试通常是单人执行，而集成测试通常是多人执行或第三方执行；集成测试通过模块间的交互作用和不同人的理解和交流，更容易发现实现上、理解上的不一致和差错。

7.2　集成测试的内容和方法

在设计体系结构的时候开始制订测试方案；在进入详细设计之前完成集成测试方案；在进入系统测试之前结束集成测试。

集成测试可以在开发部进行，也可以由独立的测试部执行。开发部尽量进行完整的集成测试，测试部有选择地进行集成测试。

7.3　集成测试原则

集成测试应遵循下列原则：

（1）集成测试是产品研发中的重要工作，需要为其分配足够的资源和时间。

（2）集成测试需要经过严密的计划，并严格按计划执行。

（3）应采取增量式的分步集成方式，逐步进行软件部件的集成和测试。

（4）应重视测试自动化技术的引入与应用，不断提高集成测试效率。

（5）应该注意测试用例的积累和管理，方便进行回归并进行测试用例补充。

7.4 集成测试内容

集成测试包含下列内容：

（1）穿越接口的数据是否会丢失。

（2）一个模块的功能是否会对另一个模块的功能产生不利影响。

（3）实现子功能的模块组合起来是否能够达到预期的总体功能。

（4）全局数据结构的测试。

（5）共享资源访问的测试。

（6）单个模块的误差经过集成的累加效应。

7.4.1 集成功能测试

集成功能测试主要关注集成单元实现的功能以及集成后的功能，考察多个模块间的协作，既要满足集成后实现的复杂功能，也不能衍生出不需要的多余功能（错误功能）。

主要关注如下内容：

（1）被测对象的各项功能是否实现。

（2）异常情况是否有相关的错误处理。

（3）模块间的协作是否高效合理。

7.4.2 接口测试

模块间的接口包括函数接口和消息接口。

对函数接口的测试，应关注函数接口参数的类型和个数的一致性、输入/输出属性的一致性、范围的一致性。

对消息接口的测试，应关注收发双方对消息参数的定义是否一致，消息和消息队列长度是否满足设计要求，消息的完整性如何，消息的内存是否在发送过程中被非法释放，有无对消息队列阻塞进行处理等。

7.4.3 全局数据结构测试

全局数据结构往往存在被非法修改的隐患，因此对全局数据结构的测试主要关注以下几个角度：

（1）全局数据结构的值在两次被访问的间隔是可预知的。

（2）全局数据结构的各个数据段的内存不应被错误释放。

（3）多个全局数据结构间是否存在缓存越界。

（4）多个软件单元对全局数据结构的访问应采用锁保护机制。

7.4.4　资源测试

资源测试包括共享资源测试和资源极限测试。共享资源测试常应用于数据库测试和支撑的测试。共享资源测试需关注：

（1）是否存在死锁现象。

（2）是否存在过度利用情况。

（3）是否存在对共享资源的破坏性操作。

（4）公共资源访问锁机制是否完善。

资源极限测试关注系统资源的极限使用情况以及软件对资源耗尽时的处理，保证软件系统在资源耗尽的情况下不会出现系统崩溃。

7.4.5　性能和稳定性测试

（1）性能测试。

性能测试检测某个部件的性能指标，及时发现性能瓶颈。多任务环境中，还需测试任务优先级的合理性，需考虑以下因素：

实时性要求高的功能是否在高优先级任务中完成；

任务优先级设计是否满足用户操作相应时间要求。

（2）稳定性测试。

稳定性测试需要考虑以下因素：

是否存在内存泄漏而导致长期运行资源耗竭；

长期运行后是否出现性能的明显下降；

长期运行是否出现任务挂起。

7.5　集成测试方法

1．非递增式集成测试

所有软件模块通过单元测试后进行一次集成。

优点：测试过程中基本不需要设计开发测试工具。

不足：对于复杂系统，当出现问题时故障定位困难，和系统测试接近，难以体现和发挥集成测试的优势。

2. 递增式集成测试

逐渐集成，由小到大，边集成边测试，测完一部分，再连接一部分。在复杂系统中，划分的软件单元较多，通常是不会一次集成的。软件集成的精细度取决于集成策略。通常的做法是先进行模块间的集成，再进行部件间的集成。

优点：测试层次清晰，出现问题能够快速定位。

缺点：需要开发测试驱动和桩。

7.6 集成测试过程

集成测试包括以下几个过程。

1. 集成测试计划（策略、方案、进度计划）

内容包括：

集成测试策略制订；

集成方法、内容、范围、通过准则；

工具考虑，复用分析；

基于项目人力、设备、技术、市场要求等各方面决策；

集成测试进度计划；

工作量估算、资源需求、进度安排、风险分析和应对措施；

集成测试方案编制；

接口分析、测试项、测试特性分析，体现测试策略。

如何确定集成的内容？

考虑集成的层次；

考虑软件的层次；

考虑软件的复杂度和重要性；

权衡投入和产出。

2. 集成测试设计和开发（测试规程、测试工具开发）

内容包括：

测试规程/测试用例的设计和开发；

确定的测试步骤、测试数据设计；

测试工具、测试驱动和桩的开发。

3. 集成测试执行（构造环境、运行）

内容包括：

搭建测试环境；

运行测试；

确定测试结果，处理测试过程中的异常；

集成测试评估。

4．执行阶段的度量

内容包括：

集成测试对象的数量；

运行的用例数量；

通过/失败的用例数量；

发现的缺陷数量；

遗留的缺陷数量；

集成测试执行的工作量。

5．评估测试结果

内容包括：

按照集成测试报告模块出具集成测试报告；

对集成测试报告进行评审；

将所有测试相关工作产品纳入配置管理。

7.7　集成测试举例

需求描述：

被测试段代码实现的功能是：如果 a>b，则返回 a，否则返回 a/b。

被测试段代码由两个函数实现，分别是：

int　max (int a,int b,char *msg);

void divide (int *a,int *b)。

divide 函数实现 a/b 功能，max 函数实现其他对应功能，并进行结果输出。程序如下：

```
int   max (int a, int b, char *msg)
{
    char dsp[20];          /*声明一个大小为 20 的 char 型数组*/
    if (a<0 || b<0)        /*如果 a 和 b 中有一个数不是正数*/
    return -1;             /*则直接返回*/
    if (a>b)               /*如果 a 大于 b,*/
    ;                      /*什么也不做*/
    else
    divide (&a,&b);
    sprintf (dsp, "%s %d", msg,a);
```

```
        printf (dsp);
        return    a;
}



void divide (int *a, int *b)
{
        (*a)=(*a)/(*b);
        return ;
}
```
结构图如图 7-1 所示。

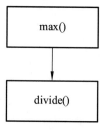

图 7-1   结构图

集成测试操作步骤：

（1）确定集成测试策略：采用自底向上的测试策略。

（2）确定集成测试粒度：函数。

（3）选定测试用例设计方法：等价类划分、边界值分析等。

（4）编写测试用例。

因为测试策略是自底向上，所以，先测试 divide（int *a，int *b）函数，测试用例如表 7-1 所示。

表 7-1   测试用例表

ID	int *a	int *b	预期结果
1	4	2	2
2	0	3	0
…	…	…	…

（5）构造驱动（其中 m 和 n 是测试用例输入），内容如下：

```
int    test ( )
{
        int a=m;
        int b=n;
        divide( &a,&b);
}
```

（6）依次执行测试用例，完成测试。

（7）发现并跟踪处理 Bug。

思考：本例子中的程序都存在什么缺陷呢？

程序存在的缺陷：

没有对 b 不能为 0 的情况进行限制；

当字符串 msg 的长度加上 a 整数的位数超过 20 时，会使 dsp 数组溢出 ；

当 msg 的值（指针的值）为 NULL 时，sprintf 函数将出现问题。

7.8　集成测试经验

（1）集成测试活动必须纳入项目计划，并安排相应工作量。

（2）集成测试之前必须先做单元测试，而且单元测试对覆盖率应该有较高的要求。

（3）做好集成测试，良好的组织非常重要，需要指定一个好的集成测试组织者。

（4）集成测试需要及早考虑自动测试工具的开发。

第8章 性能测试技术

对于软件系统来说，仅仅从功能上满足用户的需求是不足够的，还需要满足用户对软件性能的需求。对于一些实时系统、嵌入式系统和在线服务系统来说尤为重要。进行性能测试目的就是验证软件系统是否能够达到用户提出的性能指标，同时发现软件系统中存在的性能瓶颈，最后起到优化系统的目的。

8.1 性能测试技术概述

在理解性能测试概念之前，有必要首先理解软件性能的概念。一般而言，性能是衡量特定产品好坏的一类指标。而软件的性能是软件的一种非功能特性，它关注的不是软件是否能够完成特定的功能，而是在完成该功能时展示出来的及时性。由于感受软件性能的主体是人，对于他们来说，衡量软件性能有下列指标：系统响应时间、应用延迟时间、吞吐量、资源利用率等。因此性能测试也将针对这些指标进行测试。

8.1.1 性能测试的概念

软件性能测试是一个相对很大的概念，对一个软件系统来说，性能测试是描述测试对象与性能相关的特征并对其进行评价而实施的一类测试，主要是通过模拟多种正常、峰值以及异常负载条件对系统的各项性能指标进行测试。该测试主要是用来保证软件系统运行后能满足用户对软件性能的各项需求，因此对于保证软件质量起着重要作用。

8.1.2 性能测试的目的

对于一个软件项目来说，如果验收时才考虑到性能测试，这无疑会增大软件失败的风险。特别是对于一个 Web 应用程序，要考虑到用程序处理大量用户和数据的需要。在开发早期及早对性能进行评估是非常必要的，性能测试的目的可以概括为下面几个方面：

（1）评估系统的能力：测试中得到的负荷和响应时间数据可被用于验证所设计的模型的能力，并帮助做出决策。

（2）识别体系中的弱点：受控的负荷被增加到一个极端水平，并突破它，从而修复体系的瓶颈或薄弱的地方。所谓"瓶颈"这里是指应用系统中导致系统性能大幅下降的因素。

（3）系统调优：重复运行测试，验证调整系统的活动得到了预期的结果，从而改进性能。检测软件中的问题，长时间的测试执行可导致程序发生由于内存泄漏而引起的失败，揭示程序中的隐含问题或冲突。

（4）验证稳定性（resilience）可靠性（reliability）：在一个生产负荷下执行测试一定的时间是评估系统稳定性和可靠性是否满足要求的唯一方法。

8.1.3　性能测试的常用术语

从事软件性能测试的工作，经常会听到一些常用术语。对这些术语的深刻理解将有助于测试者制订测试方案、设计测试用例以及准确地编写性能测试报告。

1. 响应时间

也称为等待时间，从用户观点来看，它是从一个请求的发出到客户端收到服务器响应所经历的时间延迟。它通常以时间单位来衡量，如秒或毫秒。

一般而言，等待时间与尚未利用的系统容量成反比。它随着低程度用户负载的增加而缓慢增加，但一旦系统的某一种或几种资源被耗尽，等待时间就会快速地增加，如图 8-1 所示。

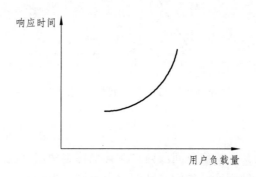

图 8-1　响应时间与用户负载量之间的典型特征曲线

2. 吞吐量

吞吐量是指在某一个特定的时间单位内，系统所处理的用户请求数目。常用的单位是请求数/秒或页面数/秒。从市场观点来看，吞吐量可以用每天的访问者数或每天页面的浏览次数来衡量。

作为一个最有用的性能指标，Web 应用的吞吐量常常在设计、开发和发布整个周期中的不同阶段进行测量和分析。比如在能力计划阶段，吞吐量是确定 Web 站点的硬件和系统需求的关键参数。此外，吞吐量在识别性能瓶颈和改进应用和系统性能方面也扮演着重要角色。不管 Web 平台是使用单个服务器还是多个服务器，吞吐量统计都表明了系统对不同用户负载水平所反映出来的相似特征。吞吐量与用户负载量关系曲线如图 8-2 所示。

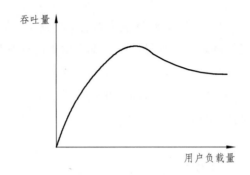

图 8-2　吞吐量与用户负载量之间的典型特征曲线

3．资源利用率

资源利用率是指系统不同资源的使用程度，比如服务器的 CPU，内存，网络带宽等。它常常用所占资源的最大可用量的百分比来衡量。资源利用率跟用户负载之间的关系特征，如图 8-3 所示。

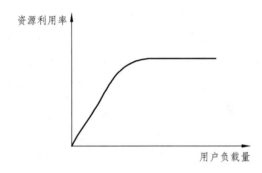

图 8-3　资源利用率与用户负载量之间的典型特征曲线

4．并发用户数目

并发用户数目是指在某一给定时间段内，在某个特定站点上进行公开会话的用户数目。每秒的会话数目表示每秒钟到达并访问网站的用户数目。当并发用户数目增加，系统资源利用率也将增加。

5．网络流量统计

当负载增加时，还应该监视网络流量统计以确定合适的网络带宽。典型的，如果网络带宽的使用超过了 40%，那么网络的使用就达到了一个使之成为应用瓶颈的水平。

8.1.4　性能测试的准备工作

性能测试之前的准备工作是一个经常被测试人员忽略的环节，在接到任务后，基于种种其他因素的考虑，测试人员急于追赶进度，往往立即投入到具体的测试工作中，但却因为准备不充分，致使性能测试很难成功。软件项目开发有需求调查、需求分析阶段，测试也不例外。在接到测试任务后，首要的任务就是分析测试任务，在开始测试前，至少要弄清以下几个问题：

（1）要测试什么或测试的对象是谁？

（2）要测试什么问题或想要弄清楚或是论证的问题？

（3）哪些因素会影响测试结果？

（4）需要怎样的测试环境？

（5）应该怎样测试？

只有在认真调查测试需求和仔细分析测试任务后，才有可能弄清以上一系列问题。只有对测试任务非常清楚，对测试目标极其明确的前提下，才可能制订出切实可行的测试计划。具体来说，测试之前需做好如下准备工作：

1. 明确测试目标，详尽测试计划

在充分分析测试需求的基础上，制订尽可能详细的测试计划，对测试的实施是大有裨益的。

2. 测试技术及工具准备

实际上，要求测试人员在短时间掌握所有的软、硬件知识是不太现实的，但平时测试人员应抓紧学习相关测试技术和测试理论。性能测试经常需要使用自动化工具进行测试，在测试计划中，应给研究测试对象和测试工具分配充足的学习时间，只有在充分掌握测试工具，完全了解测试对象的前提下，才能够有效地实施测试。

3. 配置测试环境

只有在充分认识测试对象的基础上，才知道每一种测试对象需要什么样的配置，才有可能配置一种相对公平、合理的测试环境。软件系统的性能表现与非常多的因素相关，无法根据系统在一个环境上的表现去推断其在另一个不同环境中的表现，因此对这种验证性的测试，必须要求测试时的环境都已经确定。测试环境是否适合会直接影响到测试结果的真实性和正确性。测试环境包括硬件环境和软件环境，硬件环境指测试必需的服务器、客户端、网络连接设备、打印机、扫描仪等；软件环境包括被测软件运行时的操作系统、数据库及其他应用软件构成的环境。同时还须考虑到其他因素，如网络锁、网速、显示分辨率，数据库权限、容量等对测试结果的影响。如条件允许，最好能配置几组不同的测试环境。

4. 准备测试数据

在初始的测试环境中需要输入一些恰当的测试数据，目的是识别数据状态并且验证用于测试的测试案例。准备测试数据时，应尽量模拟真实环境，如杀毒软件等面向大众用户的软件，更应该考察它在真实环境中的表现。

8.2 性能测试的内容

性能测试在软件的质量保证中起着重要的作用，它包括的测试内容丰富多彩。目前分布

式系统已经成为主流模式,针对用户关注的不同角度,可将复杂的应用系统划分为3个层面:客户层、网络层和服务器层。因此相应的可将性能测试概括为三个方面的测试:在客户端性能的测试,在网络上性能的测试,在服务器端性能的测试。通常情况下,三方面有效、合理的结合,可以达到对系统性能全面的分析和对瓶颈的预测。

8.2.1 在客户端的性能测试

客户端性能测试的目的,是考察客户端应用软件的性能,测试的入口是客户端。主要内容包括并发性能测试、疲劳强度测试、大数据量测试和速度测试等,其中并发性能测试是重点。

并发性能测试的过程是一个负载测试和压力测试的过程,即逐渐增加负载,直到系统的瓶颈或者不能接收的状态,通过综合分析请求响应数据和资源监控指标,来确定系统并发性能的过程。下面对负载测试和压力测试做一简单介绍。

(1)负载测试。

通过在被测系统上不断增加压力,直到性能指标,例如"响应时间"超过预定指标或者某种资源使用已经达到饱和状态。这种测试方法可以找到系统处理的极限,为系统调优提供依据。预期性能指标描述方式:"响应时间不超过 5 s"或"服务器平均 CPU 利用率低于 70%等指标"。极限描述方式如"在给定条件下最多允许 200 个并发用户访问"或是"在给定条件下最多能够在 1 小时内处理 3000 笔业务"。

实际测试中通过"检测"→"加压"→"直到性能指标超过预期"的手段,即从比较小的负载开始,逐渐增加模拟用户的数量(增加负载),观察不同负载下应用程序响应时间、所耗资源,直到超时或关键资源耗尽,它是测试系统在不同负载情况下的性能指标。

(2)压力测试。

压力测试是指实际破坏一个系统以及测试系统的反映。该方法是在一定饱和状态下,例如 CPU、内存等在饱和使用情况下,系统能够处理的会话能力,以及系统是否会出现错误。压力测试目的是测试在一定的负载下系统长时间运行的稳定性,是测试系统的限制和故障恢复能力,也就是测试系统会不会崩溃,以及在什么情况下会崩溃。黑客常常提供错误的数据负载,直到系统崩溃,接着当系统重新启动时获得存取权。压力测试的区域包括表单、登录和其他信息传输页面等。

概括地说,负载测试和压力测试的区别体现在:负载测试是在一定的工作负荷下,测试系统的负荷及系统响应的时间。是测试软件本身所能承受的最大负荷的性能测试;压力测试是指在一定的负荷条件下,长时间连续运行系统给系统性能造成的影响。是一种破坏性的性能测试。

疲劳强度测试是指在系统稳定运行的情况下,以一定的负载压力来长时间运行系统的测试。其主要目的是确定系统长时间处理较大业务量时的性能。通过疲劳强度测试基本可以判断系统运行一段时间后是否稳定。

大数据量测试通常是针对某些系统存储、传输、统计查询等业务而进行的测试。主要测试系统运行时数据量较大或历史数据量较大时的性能情况,这类测试一般都是针对某些特殊的核心业务或一些日常比较常用的组合业务的测试。由于大数据量测试一般在投产环境下进行，所以把它独立出来并和疲劳强度测试放在一起，在整个性能测试的后期进行。

8.2.2　在网络上的性能测试

在网络上的性能测试重点是利用自动化技术进行网络应用性能监控、网络应用性能分析和网络预测。

网络应用性能分析的目的是准确展示网络带宽、延迟、负载和 TCP 端口的变化是如何影响用户的响应时间的。利用网络应用性能分析工具，例如 ApplicationExpert，能够发现应用的瓶颈，从而获知应用在网络上运行时在每个阶段发生的应用行为，可以解决多种问题，如：客户端是否对数据库服务器运行了不必要的请求；当服务器从客户端接收了一个查询，应用服务器是否花费了不可接受的时间联系数据库服务器：在投产前预测应用的响应时间；利用 ApplieationExpert 调整应用在广域网上的性能；AppliCationExpert 能够让测试人员快速、容易地仿真应用性能，根据最终用户在不同网络配置环境下的响应时间，用户可以根据自己的条件决定应用投产的网络环境。

在系统试运行之后，需要及时准确地了解网络上正在发生什么事情；什么应用在运行，多少 PC 正在访问 LAN 或 WAN；哪些应用程序导致系统瓶颈或资源竞争，这时网络应用性能监控以及网络资源管理对系统的正常稳定运行是非常关键的。

8.2.3　在服务器上的性能测试

对于应用在服务器上的性能测试，是针对系统管理员而言的。他们关心的是系统中服务器提供服务时所处的状态，资源是否合理等问题。可采用所有的测试类型进行测试，同时监控服务器的资源利用是否合理。可以采用工具监控，也可以使用系统本身的监控命令，例如 Tuxedo 中可以使用 Top 命令监控资源使用情况。实施测试的目的是实现服务器设备、服务器操作系统、数据库系统、应用在服务器上性能的全面监控。

8.3　性能测试的测试用例

按照性能测试内容的三个方面介绍性能测试的测试用例的设计。

8.3.1　客户端的性能测试用例

1. 并发性能测试用例

用户并发测试融合了"独立业务性能测试"和"组合业务性能测试"两类测试，主要是为了使性能测试按照一定的层次来开展。下面对"独立业务性能测试"和"组合业务性能测试"分别做些介绍。

独立业务是指一些与核心业务模块对应的业务，这些模块通常具有功能比较复杂、使用比较频繁、属于核心业务等特点。这类特殊的、功能比较独立的业务模块始终都是性能测试的重点，可以理解为"单元性能测试"。因此，不但要测试这类模块和性能相关的一些算法，还要测试这类模块对并发用户的响应情况。

通常所有的用户不会只使用一个或几个核心业务模块，一个应用系统的每个功能模块都可能被使用到。所以性能测试既要模拟多用户的"相同"操作（这里的"相同"指很多用户使用同一功能），又要模拟多用户的"不同"操作（这里的"不同"指很多用户同时对一个或多个模块的不同功能进行操作），对多项业务进行组合性能测试，可以理解为"集成性能测试"。组合业务测试是最接近用户实际使用情况的测试，也是性能测试的核心内容。通常按照用户的实际使用人数比例来模拟各个模板的组合并发情况。

由于组合业务测试是最能反映用户使用情况的测试，因而组合测试往往和服务器（操作系统、Web服务器、数据库服务器）性能测试结合起来进行。在通过工具模拟用户操作的同时，还通过测试工具的监控功能采集服务器的计数器信息，进而全面分析系统的瓶颈，为改进系统提供了有利的依据。

"单元性能测试"和"集成性能测试"两者紧密相连，由于这两部分内容都是以并发用户测试为主，因此把这两类测试合并起来通称为"用户并发性能测试"。

用户并发性能测试要求选择具有代表性的、关键的业务来设计测试用例，以便更有效地评测系统性能。当编写具体的测试用例设计文档时，一般不会像功能测试那样进行明确的分类，其基本的编写思想是按照系统的体系结构进行编写的。很多时候，"独立业务"和"组合业务"是混合在一起进行设计的。单一模块本身就存在"独立业务"和"组合业务"，所以性能测试用例的设计应该面向"模块"，而不是具体的业务。在性能测试用例设计模型中，用户并发测试实际就是关于"独立核心模块并发"和"组合模块并发"的性能测试。

用户并发性能测试的详细分类如图8-4所示。

2. 疲劳强度与大数据量测试用例

疲劳强度测试属于用户并发测试的延续，因此测试内容仍然是"核心模块用户并发"与"组合模块用户并发"。在实际工作中，一般通过工具模拟用户的一些核心或典型的业务，然后长时间地运行系统，以检测系统是否稳定。

大数据量测试主要是针对那些对数据库有特殊要求的系统而进行的测试，例如电信业务系统的手机短信业务。由于有的用户关机或不在服务区，每秒钟需要有大量的短信息保存，同时在用户联机后还要及时发送，因此对数据库性能有极高的要求，需要进行专门测试。编写本类用例前，应对需求设计文档进行仔细分析，提出测试点。

大数据量测试分为3种：

（1）实时大数据量测试：模拟用户工作时的实时大数据量，主要目的是测试用户较多或某些业务产生较大数据量时，系统能否稳定地运行。

（2）极限状态下的测试：主要是测试系统使用一段时间后，即系统累积一定量的数据后，能否正常地运行业务。

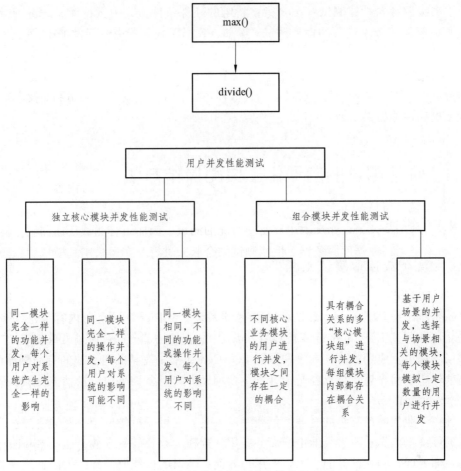

图 8-4　用户并发性能测试的分类示意图

（3）前面两种的结合：测试系统已经累积较大数据量时，一些运行时产生较大数据量的模块能否稳定地工作。

8.3.2　网络性能测试用例

网络性能测试的用例设计主要有以下两类：

（1）基于硬件的测试：主要通过各种专用软件工具、仪器等来测试整个系统的网络运行环境，一般由专门的系统集成人员来负责。

（2）基于应用系统的测试：在实际的软件项目中，主要测试用户数目与网络带宽的关系。通过测试工具准确展示带宽、延迟、负载和端口的变化是如何影响用户响应时间的。例如，可以分别测试不同带宽条件下系统的响应时间。

8.3.3　服务器性能测试用例

服务器性能测试主要有两种类型：

（1）高级服务器性能测试：主要指在特定的硬件条件下，由数据库、Web 服务器、操作系统相应领域的专家进行的性能测试。例如，数据库服务器由专门的 DBA 来进行测试和调优。

（2）初级服务器性能测试：主要指在业务系统工作或进行前面其他种类性能测试的时候，监控服务器的一些计数器信息。通过这些计数器对服务器进行综合性能分析，找出系统瓶颈，为调优或提高性能提供依据。

8.4 性能测试的自动化工具和操作方法

8.4.1 性能测试工具介绍

1. 主流负载性能测试工具

（1）QA Load

Compuware 公司的 QALoad 是客户/服务器系统、企业资源配置（ERP）和电子商务应用的自动化负载测试工具。QALoad 是 QACenter 性能版的一部分，它通过可重复的、真实的测试能够彻底地度量应用的可扩展性和性能。QACenter 汇集完整的跨企业的自动测试产品，专为提高软件质量而设计，可以在整个开发生命周期、跨越多种平台、自动执行测试任务。

（2）SilkPerformer

一种在工业领域最高级的企业级负载测试工具。它可以模仿成千上万的用户在多协议和多计算的环境下工作。不管企业电子商务应用的规模大小及其复杂性，通过 SilkPerformer，均可以在部署前预测它的性能。可视的用户界面、实时的性能监控和强大的管理报告可以帮助测试人员迅速地解决问题，例如加快产品投入市场的时间，通过最小的测试周期保证系统的可靠性，优化性能和确保应用的可扩充性。

（3）LoadRunner

一种较高规模适应性的，自动负载测试工具，在 8.4.2 节将做具体介绍。

（4）WebRunner

是 RadView 公司推出的一个性能测试和分析工具，它让 Web 应用程序开发者自动执行压力测试；WebRunner 通过模拟真实用户的操作，生成压力负载来测试 Web 的性能，用户创建的是基于 Javascript 的测试脚本，称为议程 Agenda，用它来模拟客户的行为，通过执行该脚本来衡量 Web 应用程序在真实环境下的性能。

2. 资源监控工具

资源监控作为系统压力测试过程中的一个重要环节，在相关的测试工具中基本上都有很多的集成。只是不同的工具之间，监控的中间件、数据库、主机平台的能力以及方式各有差异。而这些监控工具很大程度上都依赖于被监控平台自身的数据采集能力，目前的绝大多数的监控工具基本上是直接从中间件、数据库以及主机自身提供的性能数据采集接口获取性能指标。

不同的应用平台有自身的监控命令以及控制界面，比如 UNIX 主机用户可以直接使用 topas，vmstat，iostat 了解系统自身的健康工作状况。另外，weblogic 以及 websphere 平台都有自身的监控台，在上面可以了解到目前的 JVM 的大小、数据库连接池的使用情况以及目前连接的客户端数量以及请求状况等。只是这些监控方式的使用对测试人员有一定的技术储备要求，需要熟练掌握以上监控方式的使用。

第三方的监控工具相应的对一些系统平台的监控进行了集成。比如 LoadRunner 对目前常用的一些业务系统平台环境都提供了相应的监控入口，从而可以在并发测试的同时，对业务系统所处的测试环境进行监控，更好地分析测试数据。

但 LoadRunner 提供的监控方式还不是很直观，一些更直观的测试工具能在监控的同时提供相关的报警信息，类似的监控产品如 QUEST 公司提供的一整套监控解决方案包括了主机的监控、中间件平台的监控以及数据库平台的监控。QUEST 系列监控产品提供了直观的图形化界面，能让测试人员尽快进入监控的角色。

3. 故障定位工具以及调优工具

随着技术的不断发展以及测试需求的不断提升，故障定位工具应运而生，它能更精细地对负载压力测试中暴露的问题进行故障根源分析。在目前的主流测试工具厂商中，都相应地提供了对应的产品支持。尤其是目前.NET 以及 J2EE 架构的流行，测试工具厂商纷纷在这些领域提供了相关的技术产品，比如 LoadRunner 模块中添加的诊断以及调优模块，QUEST 公司的 PerformaSure，Compuware 的 Vantage 套件以及 CA 公司收购的 Wily 的 Introscope 工具等，都在更深层次上对业务流的调用进行追踪。这些工具在中间件平台上引入探针技术，能捕获后台业务内部的调用关系，发现问题所在，为应用系统的调优提供直接的参考指南。

在数据库产品的故障定位分析上，Oracle 自身提供了强大的诊断模块，同时，QUEST 公司的数据库产品在数据库设计、开发以及上线运行维护都提供了全套的产品支持。

在众多的性能测试工具中，LoadRunner 的使用非常广泛。下面以 LoadRunner 为例介绍自动化工具的使用方法。

8.4.2　自动化性能测试工具 LoadRunner

1. LoadRunner 介绍

Mercury Interactive 的 LoadRunner 是一种适用于企业级系统以及各种体系架构的自动负载测试工具，通过模拟实际用户的操作行为和实行实时性能监测，帮助测试人员更快地查找和发现问题，预测系统行为并优化系统性能。通过使用 LoadRunner，企业能最大限度地缩短测试时间，优化性能和加速应用系统的发布周期。此外，LoadRunner 能支持广泛的协议和技术，为一些特殊环境提供特殊的解决方案。

LoadRunner 主要功能如下：

（1）创建虚拟用户。LoadRunner 可以记录下客户端的操作，并以脚本的方式保存，然后建立多个虚拟用户，在一台或几台主机上模拟上百或上千虚拟用户同时操作的情景，同时记录下各种数据，并根据测试结果分析系统瓶颈，输出各种定制压力测试报告。

（2）使用 Virtual User Generator，能简便地创立起系统负载。该引擎能生成虚拟用户，以虚拟用户的方式模拟真实用户的业务操作行为。利用虚拟用户，在不同的操作系统的机器上同时运行上万个测试，从而反映出系统真正的负载能力。

（3）创建真实的负载。LoadRunner 能够建立持续且循环的负载，既能限定负载又能管理和驱动负载测试方案，而且可以利用日程计划服务来定义用户在什么时候访问系统以产生负载，使测试过程高度自动化。

（4）定位性能问题。LoadRunner 内含集成的实时监测器，在负载测试过程的任何时候，可以观察到应用系统的运行性能，实时显示交易性能数据和其他系统组件的实时性能。

（5）分析结果以精确定位问题所在。测试完毕后，LoadRunner 收集、汇总所有的测试数据，提供高级的分析和报告工具，以便迅速查找到问题并追溯缘由。

（6）LoadRunner 完全支持基于 Java 平台应用服务器 Enterprise Java Beans 的负载测试，支持无限应用协议 WAP 和 I-mode，支持 Media Stream 应用，可以记录和重放任何流行的多媒体数据流格式来诊断系统的性能问题，查找缘由，分析数据的质量。

LoadRunner 包含下列组件：

（1）虚拟用户生成器用于捕获最终用户业务流程和创建自动性能测试脚本（也称为虚拟用户脚本）。

（2）Controller 用于组织、驱动、管理和监控负载测试。

（3）负载生成器用于通过运行虚拟用户生成负载。

（4）Analysis 有助于用户查看、分析和比较性能结果。

（5）Launcher 为访问所有 LoadRunner 组件的统一界面。

LoadRunner 的测试过程如图 8-5 所示。

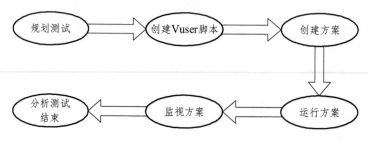

图 8-5　LoadRunner 的测试流程图

各流程的任务介绍如下：

规划测试：定义性能测试要求，例如并发用户的数量、典型业务流程和所需响应时间。

创建 Vuser 脚本：将最终用户活动捕获到自动脚本中。

创建方案：使用 LoadRunner Controller 设置负载测试环境。

运行方案：通过 LoadRunner Controller 驱动、管理负载测试。

监视方案：通过 LoadRunner Controller 监控负载测试。

分析测试结果：使用 LoadRunner Analysis 创建图和报告并评估性能。

2．LoadRunner 操作方法

下面将以一个例子来介绍 LoadRunner 的测试过程——即对某火车时刻查询系统的性能进行测试。该系统的典型业务流程是输入出发站、到达站或者输入车次等，查看火车票的具体信息，并且提供订票功能。主要测试服务器的吞吐量，包括每秒 HTTP 响应数，每秒下载页数，平均事务响应时间等。

具体操作步骤为：

（1）打开 LoadRunner，新建场景，打开对话框。在对话框里，可以选择已有脚本，如软件自带的脚本和用户自己已经录制好的脚本。选择"录制"，表示录制一个新的脚本。如图8-6 所示。

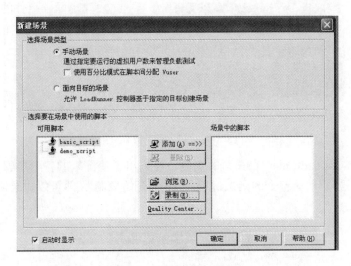

图 8-6　新建场景对话框

（2）在虚拟用户生成器里选择"新建 Vuser 脚本"，如图 8-7 所示。

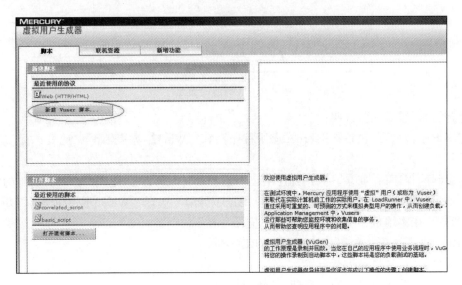

图 8-7　虚拟用户生成器

（3）设置协议，这里测试的是一个网络系统，因此选择"Web（HTTP/HTML）"，如图8-8所示。

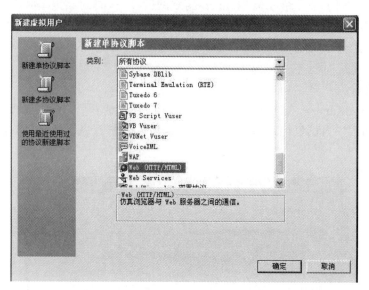

图 8-8　选择脚本协议

（4）录制脚本，LoadRuner 在页面的左侧已经列出了接下来的各个步骤，操作起来非常方便，初学者将很容易掌握整个的测试过程。点击"开始录制"，即可以对录制进行一些设置，如图 8-9 所示。

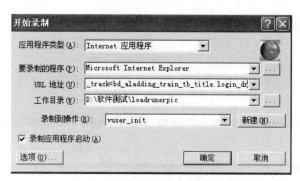

图 8-9　录制前的设置

对需要的设置做一些说明：

"应用程序类型"：包括"Internet 应用程序"和"Win32 应用程序"，此处选择"Internet 应用程序"。

"要录制的程序"：如果"应用程序类型"选择"Internet 应用程序"，则要录制的程序选择"Microsoft Internet Explorer"；如果"应用程序类型"选择"Win32 应用程序"，要录制的程序则选择"在本地机器上具体的 Win32 应用程序"。

"URL 地址"：填写欲录制的系统的 URL 地址。

"工作目录"：对目录进行设置。

"录制到操作"：可以点击"新建"，新建操作。

点击"确定"后，将直接跳转到"URL 地址"所设置的页面，并开始了录制工作，接下来在该系统上进行的任何操作，都将被录制下来。如进行了一系列的查询和购票过程后，点击"结束"，生成了录制概要，表明已经录制成功，如图 8-10 所示。

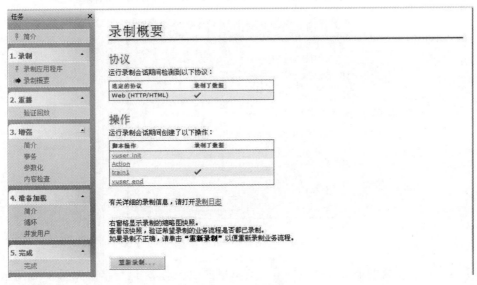

图 8-10　录制概要

（5）验证回放：回放是重新播放录制脚本的行为，通过回放可以验证是否正确的模拟了上面的操作。验证回放结果如图 8-11 所示。

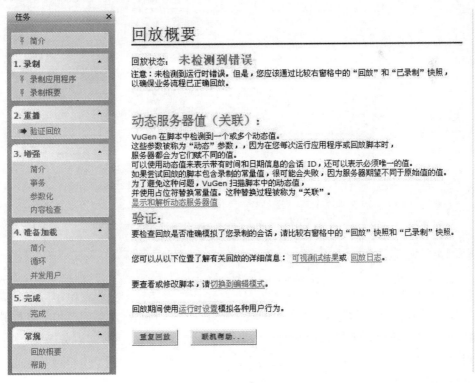

图 8-11　回放概要

（6）准备加载并发用户，选择"面向目标的场景"，软件将自动设置虚拟用户数，对于"手动场景"，可以加载 2 ~ 3 个用户，因为这只是用来验证有多个用户操作时脚本是否能够正常运行的初步测试。点击"创建控制器场景"，弹出如图 8-12 所示的对话框。

图 8-12　创建场景对话框

（7）运行：对生成的场景选择"场景"菜单里的"启动"，运行结束如图 8-13 所示。

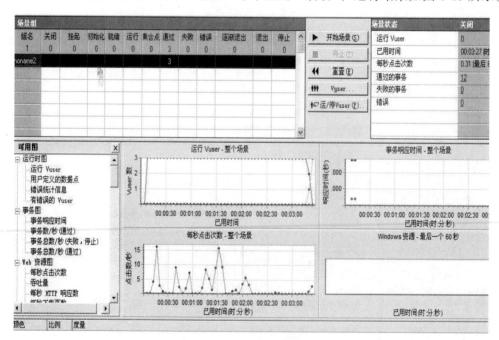

图 8-13　运行后的状态

（8）分析结果。单击"结果"菜单里的"分析结果"得到此次测试的结果。分析摘要如图 8-14 所示。同时还得到了"运行 Vuser""每秒点击次数""吞吐量""事务摘要""平均事务响应时间"的图示。从这些数据中，我们可以验证该系统是否达到了用户对系统的性能要求。吞吐量如图 8-15 所示。

图 8-14　分析摘要

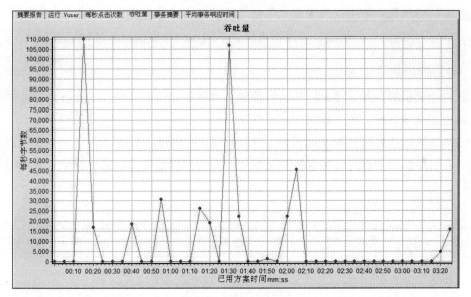

图 8-15　系统吞吐量

　　至此，已经完成了 LoadRuner 测试的基本操作过程，如果读者需要深入了解该测试工具，还需要多加练习。

8.5　性能测试案例

　　本节将介绍性能测试的一个案例。

　　对某公司办公管理系统的开具发票功能进行性能测试，客观、公正评估系统的性能现状。被测系统应用服务器配置：CPU 为 Xeon MP X4600 2.6 GHz，内存 8 GB，硬盘 200 GB 7 200

转，操作系统为 Win2003 Server；数据库服务器配置：CPU 为 Xeon MP X4600 2.6 GHz，内存 8 GB，硬盘 500 GB 7 200 转，数据库为 Oracle 9i。测试机配置如表 8-1 所示。

表 8-1　测试机配置表

类型	数量（台）	配置	操作系统
控制台	1	Intel E4600 2.4 GHz 内存 2 GB/硬盘 400 GB 7 200 转	Win2003 Server
负载发生器	9	Intel E4600 2.4 GHz 内存 1 GB/硬盘 400 GB 7 200 转	Win2003 Server

采用 Mercury Interactive 公司的 LoadRunner 测试及分析软件作为测试工具。

1．测试设计

1）模拟用户数

依据系统目前的业务量以及未来业务量增长预测，对当前系统分别按 3 000 用户、4 500 用户、6 000 用户进行压力测试，以评估系统在不同压力梯度情况下的性能表现。

2）测试模型建立

此次性能测试的业务选择，应覆盖各性能关键业务，选定开具发票业务进行性能测试。以此基础上定义测试执行压力模型。

在表 8-2 场景压力梯度测试过程中，分别按 3 000 用户、4 500 用户、6 000 用户进行压力测试，在各个压力测试过程中保持测试场景和调度测试的完全一致，使结果具有很好的可比性。

表 8-2　业务场景

序号	交易	业务配比	执行时间	操作间隔
1	开具发票	100%	15 min	120 s

压力测试执行场景描述如下：

模拟用户数：3 000、4 500、6 000；

Pacing：120 s；

当所有用户加载完毕后连续运行 15 min；

用户加载策略：每 1 秒启动 30 个虚拟用户。

2．测试结果

（1）平均响应时间梯度对比：图 8-16 所示是不同用户数下各事务的平均响应时间随用户数变化的曲线。

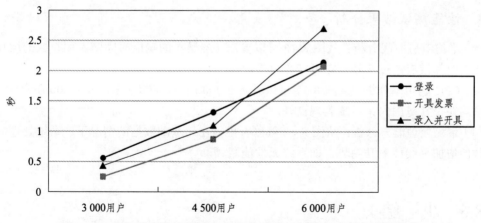

图 8-16　不同用户数下各事务的平均响应时间随用户数变化的曲线

（2）客户端系统测试结果如表 8-3 所示。

表 8-3　客户端性能测试表

事务	3 000 用户	4 500 用户	6 000 用户
登录	0.56	1.312	2.14
开具发票	0.24	0.87	2.08
录入并开具	0.43	1.098	2.70

（3）资源利用率和系统处理能力如图 8-17、8-18 所示。

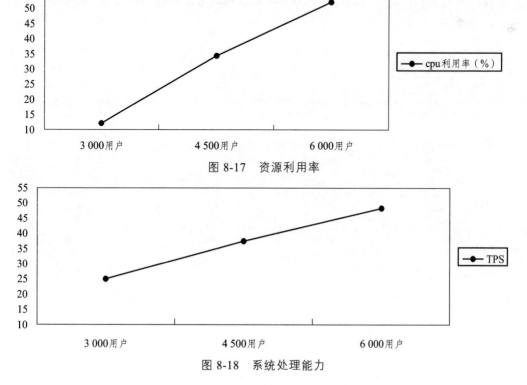

图 8-17　资源利用率

图 8-18　系统处理能力

3. 性能测试结果分析

（1）平均响应时间分析：从图 8-16 可以看出，各操作的响应时间随着用户数的增加呈上升趋势，但都没有超过 5 秒，在可接受范围内。

（2）CPU 利用率分析：从图 8-17 可以看出 3 000 用户、4 500 用户及 6 000 用户时，CPU 利用率均在正常范围内，系统表现良好。

（3）系统处理能力分析：从图 8-18 可以看出，在无基础数据的情况下，系统处理能力随用户数的增加呈线性上升趋势，即系统无性能瓶颈。

8.6　小　结

性能测试是系统测试的一个重要方面，通过性能测试可以验证软件的性能是否能够满足用户的需求。实际上，用户在使用系统的过程中，经常会提出一些问题，如"系统反应太慢""多个用户同时访问系统时系统变慢"等，这些都是用户对系统性能不满的表现。因此实施测试前需要清楚地认识到性能测试的目的，并做好充分的准备，包括测试计划、技术、自动化工具、测试环境以及测试用例等，准备的充分与否将直接关系到测试的成败。

性能测试的内容可以分为三个层次：在客户端的测试、在网络上的测试和在服务器上的测试，并依据这三个层次分别设计测试用例。性能测试的特点使得一些测试需要借助自动化工具来完成，目前市场上已经有主流负载测试工具、资源监控工具、故障定位工具及调优工具等多种类别。在多种工具中，使用比较广泛的是 LoadRuuner，该软件能够轻松创建虚拟用户，创建真实的负载，定位性能问题，分析结果以精确定位问题所在。

第9章　确认测试、系统测试和验收测试

在进行了单元测试和集成测试后，模块与模块之间的接口已经进行了充分的测试，但作为一个合格的软件，应该满足软件需求规格说明书中确定的所有的功能和性能，功能和性能应该如同用户所合理期待的那样，因此要对软件是否合格做测试，即确认测试；软件作为一个整体，需要把经过测试的各个子系统装配成一个完整的系统来测试，即系统测试；在交付用户使用之前，还需要用户参与验收测试。

9.1　确认测试的概念和活动

确认测试是严格遵循有关标准的一种符合性测试，以确定软件产品是否满足所规定的要求。若能达到这一要求，则认为开发的软件是合格的，因而有时又将确认测试称为合格性测试。所谓规定要求指的是软件规格说明书中确定的软件功能和技术指标，或是专门为测试所规定的确认准则。

图 9-1 描述的软件测试分级模型明确指出了确认测试在模型中所处的位置。

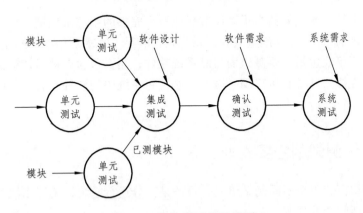

图 9-1　软件测试分级模型

在确认测试阶段需要完成的工作如图 9-2 所示。

确认测试是在模拟的环境（也可能是开发的环境）下，运用黑盒测试的方法，验证被测软件是否满足需求规格说明书列出的需求。为此，需要制订测试计划，规定要做测试的种类；还需要制订一组测试步骤，描述具体的测试用例。通过实施预定的测试计划和测试步骤，确定软件的特性是否与需求相符，确保所有的软件功能需求都能得到满足，所有的软件性能需

求都能达到要求，所有的文档都正确且便于使用。软件配置审查的目的是保证软件配置的所有元素都已进行正确地开发和分类，并且有支持软件生存周期中维护阶段的必要细节。同时，对其他软件需求，例如可移植性、兼容性、出错自动恢复、可维护性等，也都要进行测试，确认是否满足。

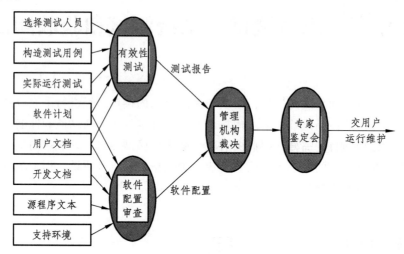

图 9-2　确认测试的步骤

9.2　系统测试的概念和类型

9.2.1　系统测试的概念

系统测试是把经过测试的各个子系统装配成一个完整的系统来测试。在这个过程中不仅要发现设计和编码的错误，还应该重点验证系统是否满足了需求规格书中指定的功能和性能。系统测试的对象不仅仅包括需要测试的产品系统软件，还要包含软件所依赖的硬件、外设，某些数据，某些支持软件及其接口等。因此，必须将系统中的软件与各种依赖的资源结合起来，在系统实际运行环境下来进行测试。

9.2.2　系统测试的主要类型

系统测试应该由若干个不同测试组成，目的是充分运行系统，验证系统各部件是否都能正确工作并完成所赋予的任务。

系统测试的主要类型有：

（1）功能测试；

（2）性能测试；

（3）负载测试；

（4）强度测试；

（5）容量测试；

（6）安全性测试；

（7）用户界面测试；

（8）有效性测试；

（9）配置测试；

（10）故障恢复测试；

（11）安装策划；

（12）回归测试。

其中功能测试、性能测试、负载测试、安全性测试、配置测试、有效性测试、故障恢复测试在一般情况下是必须的，而其他测试类型则可以根据项目的具体要求有选择地进行。

9.2.3　系统测试与集成测试的区别

系统测试是在集成测试之后，对系统进行的更全面的测试，两者的区别表现在下面几个方面：

1．测试的侧重点不同

系统测试重点测试系统是否满足了需求规格书中指定的功能和性能，集成测试重点测试模块与模块的接口。

2．测试的方法不同

系统测试最主要的就是功能测试，测试软件需求规格说明书中提到的功能是否有遗漏，是否正确的实现。做系统测试要严格按照需求规格说明书，以它为标准，测试方法一般都使用黑盒测试法；集成测试主要是针对程序内部结构进行测试，特别是对程序之间的接口进行测试，测试方法一般选用黑盒测试和白盒测试相结合。

3．用例的粒度不同

系统测试用例相对很接近用户接受测试用例，用例相对粗一些；集成测试用例比系统测试用例更详细，而且对于接口部分要重点编写，因为要集成各个模块或者子系统。

4．用例的数量不同

系统测试的用例数量一般比集成测试的用例数量少。

9.2.4　系统测试过程

系统测试主要包括下列过程：

（1）制订系统测试计划；

（2）设计系统测试用例；

（3）实现测试用例；

（4）系统预测试设计和执行；

（5）搭建系统测试环境；

（6）执行测试；

（7）结束报告；

（8）测试效率和系统评估。

在具体的测试过程中，对修改了的部分还要进行回归测试，如图 9-3 所示。关于回归测试的概念将在 9.3 节具体介绍。

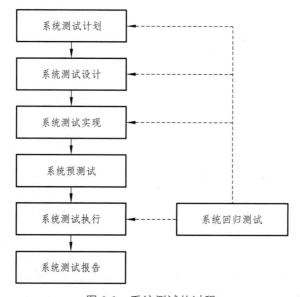

图 9-3　系统测试的过程

9.3　回归测试

9.3.1　回归测试的概念

回归测试是指修改了旧代码后，重新进行测试以确认修改没有引入新的错误或导致其他代码产生错误。自动回归测试将大幅降低系统测试、维护升级等阶段的成本。回归测试作为软件生命周期的一个组成部分，在整个软件测试过程中占有很大的工作量比重，软件开发的各个阶段都要进行多次回归测试。在渐进和快速迭代开发中，新版本的连续发布使回归测试进行得更加频繁，而在极限编程方法中，更是要求每天都进行若干次回归测试。因此，通过选择正确的回归测试策略来改进回归测试的效率和有效性是非常有意义的。

9.3.2　回归测试策略

选择回归测试策略应该兼顾效率和有效性两个方面。常用的回归测试的方式包括：

1. 再测试全部用例

选择测试用例库中的全部测试用例组成回归测试包，这是一种比较安全的方法，该方法具有最低的遗漏回归错误的风险，但测试成本最高。全部再测试几乎可以应用到任何情况下，基本上不需要进行分析和重新开发，但是，随着开发工作的进展，测试用例不断增多，重复原先所有的测试将带来很大的工作量，往往超出了预算，而且影响进度，一般不建议使用。

2. 基于风险选择测试

可以基于一定的风险标准来从测试用例库中选择回归测试包。进行最重要的、关键的和可疑的测试，而跳过那些非关键的、优先级别低的或者高稳定的测试用例，这些用例即便可能测试到缺陷，但该缺陷一般严重性也比较低。

3. 基于操作剖面选择测试

如果测试用例库的测试用例是基于软件操作剖面开发的，测试用例的分布情况反映了系统的实际使用情况。回归测试所使用的测试用例个数可以由测试预算确定，回归测试可以优先选择那些针对最重要或最频繁使用功能的测试用例，释放和缓解最高级别的风险，有助于尽早发现那些对可靠性有最大影响的故障。这种方法可以在一个给定的预算下能够最有效地提高系统可靠性，但实施起来有一定的难度。

4. 基于被修改的部分的测试

当测试者对修改的局部化有足够的信心时，可以通过分析识别软件的修改情况并分析修改的影响，将回归测试局限于被改变的模块和它的接口上。通常，一个回归错误一定涉及一个新的、修改的或删除的代码段。在允许的条件下，回归测试尽可能覆盖受到影响的部分。

通常在实际进行回归测试的过程中，会综合多种方式确定回归测试用例，当然不同的测试者也会根据自己的经验和判断来选择相应的回归测试策略。

9.3.3　回归测试的过程

随着软件的改变，软件的功能和应用接口以及软件的实现发生了演变，测试用例库中的一些测试用例可能会失去针对性和有效性，而另一些测试用例可能会变得过时，还有一些测试用例将完全不能运行。为了保证测试用例库中测试用例的有效性，必须对测试用例库进行维护。用例库维护的主要内容包括下述几个方面。

1. 删除过时的测试用例

因为需求的改变等原因可能会使一个测试用例不再适合被测试系统，这些测试用例就会过时。例如，某个变量的界限发生了改变，原来针对边界值的测试就无法完成对新边界测试。所以，在软件的每次修改后都应进行相应的过时测试用例的删除。

2. 改进不受控制的测试用例

随着软件项目的进展，测试用例库中的用例会不断增加，其中会出现一些对输入或运行状态十分敏感的测试用例。这些测试不容易重复且结果难以控制，会影响回归测试的效率，需要进行改进，使其达到可重复和可控制的要求。

3. 删除冗余的测试用例

如果存在两个或者更多个测试用例针对一组相同的输入和输出进行测试，那么这些测试用例是冗余的。冗余测试用例的存在降低了回归测试的效率，所以需要定期地整理测试用例库，并将冗余的用例删除掉。

4. 增添新的测试用例

如果某个程序段、构件或关键的接口在现有的测试中没有被测试，那么应该开发新测试用例重新对其进行测试。并将新开发的测试用例合并到测试用例库中。

对测试用例库的维护不仅改善了测试用例的可用性，而且也提高了测试库的可信性。

有了测试用例库的维护方法和回归测试的选择策略，回归测试可遵循下述基本过程进行：

（1）识别出软件中被修改的部分。

（2）设原测试用例库为 T，从 T 中排除所有不再适用的测试用例，确定那些对新的软件版本依然有效的测试用例，其结果是建立一个新的基线测试用例库 T0。

（3）依据 9.3.2 介绍的回归测试选择策略从 T0 中选择测试用例测试被修改的软件。

（4）如果必要，生成新的测试用例集 T1，用于测试 T0 无法充分测试的软件部分。

（5）用 T1 执行修改后的软件。

其中，第（2）和第（3）步测试验证修改是否破坏了现有的功能，第（4）和第（5）步测试验证修改工作本身。

9.4 验收测试

9.4.1 验收测试的概念

验收测试的目标是验证软件的有效性。所谓软件的有效性可以理解为：如果软件的功能和性能如同用户所合理期待的那样，软件就是有效的。因此，验收测试必须有用户的参与，或者以用户为主进行。用户一般通过界面输入测试数据，然后分析评价测试的输出结果，通常使用黑盒测试法。对于使用比较复杂的系统，需要开发单位先对用户进行培训，以保证用户有效地、顺利地展开测试。验收测试要求保证软件能满足所有功能要求，能达到每个性能要求，文档资料准确而完整，还能保证软件能满足安全性、可维护性等预定的要求。因此，对软件配置也要进行复查，保证软件配置的所有成分都齐全，质量符合要求，文档与程序完全一致，具有完成软件维护所必需的细节，而且已经编好目录。

验收测试的可能结果：

（1）功能和性能与用户要求一致，软件是可以接受的。

（2）功能和性能与用户要求有差距。

如果验收测试为第（2）种结果，那么差错很可能出在需求分析阶段，涉及面比较广，解决起来也比较困难。为了有效地解决验收测试发现的软件缺陷，通常需要和用户进行充分沟通和协商。

9.4.2　验收测试的策略

如果软件是为某个客户开发的，可以进行一系列验收测试，以便用户确认所有的功能和性能都已经得到满足。但是如果一个软件是为多个客户开发的，如操作系统类的大众软件，在产品发布前，每个用户都来验收是不可能的。这时候验收测试往往转变成另外两种测试：α（Alpha）测试和 β（Beta）测试。

α测试是由一个用户在开发环境下进行的测试，也可以是公司内部的用户在模拟实际操作环境下进行的测试，这是在受控的环境下进行的测试。α测试的目的是评价软件产品的 FURPS（即功能、可使用性、可靠性、性能和支持），尤其注重产品的界面和特色。α测试人员是指除产品开发人员之外首先见到产品的人，他们提出的功能和修改意见是特别有价值的。α测试可以从软件产品编码结束之时开始，或在模块（子系统）测试完成之后开始，也可以在确认测试过程中产品达到一定的稳定和可靠程度之后再开始。

β测试是由软件的多个用户在一个或多个用户的实际使用环境下进行的测试。与α测试不同的是，开发者通常不在测试现场。因而，β测试是在开发者无法控制的环境下进行的软件现场应用。在β测试中，由用户记下遇到的所有问题（包括真实的以及主观认定的），定期向开发者报告，开发者在综合用户的报告之后，做出修改，最后将软件产品交付给全体用户使用。β测试主要衡量产品的 FURPS，着重于产品的支持性，包括文档、客户培训和支持产品生产能力。只有当α测试达到一定的可靠程度时，才能开始β测试。由于它处在整个测试的最后阶段，不能指望这时发现主要问题。同时，产品的所有手册文本也应该在此阶段完全定稿。由于β测试的主要目标是测试可支持性，所以β测试应尽可能由主持产品发行的人员来管理。

9.5　小　结

确认测试、系统测试和验收测试是软件测试的重要组成部分，对保证软件的质量、软件的可靠性起着重要作用。特别是验收测试在用户的参与下进行，能够有效地测试软件的功能和性能是否满足用户合理的期待。回归测试是用于保证修改的部分不会导致非预期的软件行为或者额外错误，虽然不单独作为一个测试级别，但却是各个测试级别必须包括的内容，而且回归测试工作量很大。

第 10 章　软件的其他测试技术

软件的其他测试技术不是一个基本过程测试技术，而是一些辅助的测试技术。本章将对这些技术做一些简要介绍。

10.1　可用性测试

所谓软件的可用性是指用户在特定的环境下使用软件达到特定的目标的效力、效率和满意程度。关于可用性的测试和评估，在国外现在已经形成一个新的专业，称为可用性工程（Usability Engineering），并发展出一整套的方法和技术来进行可用性的测试和评估。根据软件可用性所下的定义，软件可用性的测试和评估应该遵循以下原则：

（1）最具有权威性的可用性测试和评估不应该由专业技术人员完成，而应该是产品的用户。因为无论这些专业技术人员的水平有多高，无论他们使用的方法和技术有多先进，最后起决定作用还是用户对产品的满意程度。因此，对软件可用性的测试和评估，主要应由用户来完成。

（2）软件的可用性测试和评估是一个过程，这个过程早在产品的初样阶段就开始了。因此一个软件在设计时反复征求用户意见的过程应与可用性测试和评估过程结合起来进行。当然，在设计阶段反复征求意见的过程是后来可用性测试的基础，不能取代真正的可用性测试。但是如果没有设计阶段反复征求意见的过程，仅靠用户最后对产品的一两次评估，是不能全面反映出软件的可用性。

（3）软件的可用性测试必须是在用户的实际工作任务和操作环境下进行。可用性测试和评估不能靠发几张调查表，让用户填写完后，经过简单的统计分析就下结论。必须是用户在实际操作以后，根据其完成任务的结果，进行客观的分析和评估。

（4）要选择有广泛代表性的用户。因为对软件可用性的一条重要要求就是系统应该适合绝大多数人使用，并让绝大多数人都感到满意。因此参加测试的人必须具有代表性，应能代表最广大的用户。

10.2　容错性测试

容错性测试是检查软件在异常条件下自身是否具有防护性的措施或某种灾难性恢复的手

段，以及当系统出错时，能否在指定时间间隔内修正错误并重新启动系统。容错性测试包括两个方面：

（1）输入异常数据或进行异常操作，以检验系统的保护性。如果系统的容错性好，系统只给出提示或内部消化掉，而不会导致系统出错甚至崩溃。

（2）灾难恢复性测试。通过各种手段，让软件强制性地发生故障，然后验证系统已保存的用户数据是否丢失，系统和数据是否能尽快恢复。

对于自动恢复需验证重新初始化、检查点、数据恢复和重新启动等机制的正确性；对于人工干预的恢复系统，还需估测平均修复时间，确定其是否在可接受的范围内。容错性好的软件能确保系统不发生无法预料的事故。

从容错性测试的概念可以看出，当软件出现故障时如何进行故障的转移与恢复有用的数据是十分重要的。

故障转移是确保测试对象在出现故障时能成功完成故障的转移，并能从意外导致数据损失或数据完整性破坏的各种硬件、软件和网络故障中恢复。数据恢复可确保：对于必须持续运行的系统，一旦发生故障，备用系统将不失时机地"顶替"发生故障的系统，以避免丢失任何数据或事务。

容错测试是一种对抗性的测试过程。在这种测试中，将把应用程序或系统置于（模拟的）异常条件下，以产生故障，例如设备输入/输出（I/O）故障或无效的数据库指针和关键字等。然后调用恢复进程并监测和检查应用程序和系统，核实系统和数据已得到了正确的恢复，确保恢复进程将数据库、应用程序和系统正确地恢复到预期的已知状态。

测试中将包括以下各种情况：客户机断电、服务器断电；通过网络服务器产生的通信中断或控制器被中断；断电或与控制器的通信中断周期未完成（数据过滤进程被中断，数据同步进程被中断）；数据库指针或关键字无效，数据库中的数据元素无效或遭到破坏。

10.3　易用性测试

易用性测试包括针对应用程序的测试，同时还包括对用户手册系统文档的测试。包括以下 5 个方面的测试：① 易理解性测试；② 易学性测试；③ 易操作性测试；④ 吸引性测试；⑤ 易用的依从性测试。

易用性测试主要通过对人机界面测试来进行。优秀的人机界面设计应具备下面的一些特点：

（1）人机界面设计符合标准和规范，这些标准和规范由软件易用性专家开发。它们是经由大量正规测试、使用、尝试和错误而设计出的方便用户的规则，但也并非要完全遵守准则，可以根据软件的特点进行适度调整。

（2）人机界面组织结构和布局合理，没有多余功能，能提供有效的帮助。

（3）人机界面设计保持一致性：菜单选择、命令输入、数据显示及众多的其他功能，使用一致的格式。

（4）人机界面设计灵活：可以选择多种视图，以多种形式显示信息，方便地进行页面跳转，灵活的数据输入与输出。

（5）人机界面设计舒适：软件使用起来应该舒适，不能给用户工作制造障碍和困难，如恰当的错误处理，用户操作出现错误时不能谴责用户，而是通过有意义的错误信息，引导用户正确输入。

（6）人机界面设计的实用性：即该用户界面是否适合其用户的使用。

10.4 安全性测试

软件安全性测试就是有关验证应用程序的安全服务和识别潜在安全性缺陷的过程。一般包括运行环境的可靠性（Safety）和数据存储的安全性（Security）。软件安全性测试的方法很多，除了有针对软件系统的安全防护功能的功能测试外，还有漏洞扫描、木马检查、模拟攻击试验和使用侦听技术等方法，具体内容如下：

（1）功能测试：在软件设计和开发过程中，软件中会增加一些必要的安全防护措施，如权限管理模块、数据恢复功能等。安全性测试时，就需要通过功能测试来检查这些功能是否达到预期的安全目标，是否达到了没有安全疏漏的要求。

（2）漏洞扫描：采用成熟的网络漏洞检查工具检查系统相关漏洞（即用最专业的黑客攻击工具进行攻击测试，比如 NBSI 系列和 Iphacker IP）。

（3）模拟攻击试验：测试人员模拟非授权攻击，测试人员假扮非法入侵者，采用各种办法试图突破防线。可以采用下面的方式来检查防护系统是否坚固：

① 想方设法截取或破译口令。

② 专门定做软件破坏系统的保护机制。

③ 故意导致系统失败，企图趁恢复之机非法进入。

④ 试图通过浏览非保密数据，推导所需信息等。

（4）侦听技术。

侦听技术实际上是在数据通信或数据交互过程中对数据进行截取分析的过程。目前最为流行的是网络数据包的捕获技术，黑客可以利用该项技术实现数据的盗用，而测试人员可以利用该项技术实现安全测试。该项技术主要用于对网络加密的验证。

10.5 可靠性测试

软件可靠性是指在给定的时间间隔内,按照规格说明书的规定成功运行软件功能的概率。为了达到和验证软件的可靠性定量要求而对软件进行的测试，即为可靠性测试。通过软件可靠性测试可以达到以下目的：

（1）有效地发现程序中影响软件可靠性的缺陷，从而实现可靠性增长。

（2）验证软件可靠性满足一定的要求：通过对软件可靠性测试中观测到的失效情况进行分析，可以验证软件可靠性的定量要求是否得到满足。

（3）估计、预计软件可靠性水平：通过对软件可靠性测试中观测到的失效数据进行分析，可以评估当前软件可靠性的水平，预测未来可能达到的水平，从而为开发管理提供决策依据。

软件可靠性测试的一般过程如图 10-1 所示。包括构造运行剖面、生成测试用例、准备测试环境、测试运行收集数据、可靠性分析和失效校正。

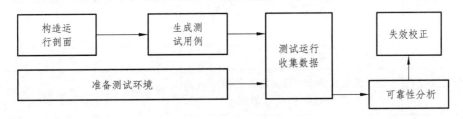

图 10-1　软件可靠性测试流程

（1）构造运行剖面：软件的运行剖面"是指对系统使用条件的定义，即系统的输入值用其按时间的分布或按它们在可能输入范围内的出现概率的分布来定义"。简单地说，运行剖面是用来描述软件的实际使用情况的。运行剖面是否能代表、刻画软件的实际使用取决于可靠性工程人员对软件的系统模式、功能、任务需求及相应的输入激励的分析，取决于他们对用户使用这些系统模式、功能、任务的概率的了解。运行剖面构造的质量将对测试、分析的结果是否可信产生最直接的影响。

（2）生成测试用例：软件可靠性测试采用的是按照运行剖面对软件进行可靠性测试的方法。因此，可靠性测试所用的测试用例是根据运行剖面随机选取得到的。

（3）准备测试环境：为了得到尽可能真实的可靠性测试结果，可靠性测试应尽量在真实的环境下进行，但是在许多情况下是无法在真实的环境下进行的，因此需要开发软件可靠性仿真测试环境。

（4）可靠性测试运行：即在真实的测试环境中或可靠性仿真测试环境中，用按照运行剖面生成的测试用例对软件进行测试。

（5）数据收集：收集的数据包括软件的输入数据、输出结果，以便进行失效分析和进行回归测试。数据收集的质量对于最终的可靠性分析结果有着很大的影响，应尽可能采用自动化手段进行数据的收集，以提高效率、准确性和完整性。

（6）数据分析：主要包括失效分析和可靠性分析。失效分析是根据运行结果判断软件是否失效，以及失效的后果、原因等；而可靠性分析主要是指根据失效数据，估计软件的可靠性水平，预计可能达到的水平，评价产品是否已经达到要求的可靠性水平。

（7）失效纠正：如果软件的运行结果与需求不一致，则称软件发生失效。通过失效分析，找到并纠正引起失效的程序中的缺陷，从而实现软件可靠性的增长。

可靠性测试的主要特征是按照用户实际使用软件的方式测试软件。可以分为软件可靠性增长测试和软件可靠性验证测试。二者有一些区别：

软件可靠性增长测试的测试目的是发现程序中影响软件可靠性的故障，并排除故障实现软件可靠性增长，实施阶段是在软件系统测试阶段的末期；软件可靠性验证测试的测试目的是验证在给定的统计置信度下，软件当前的可靠性水平是否满足用户的要求，实施阶段是在验收测试阶段。表 10-1 所示列出了软件可靠性测试与一般测试的区别。

表 10-1　软件可靠性测试与一般测试的区别

比较项目	软件可靠性增长测试	一般软件测试
测试目的	评估软件可靠性水平,有效实现软件可靠性增长	发现软件的故障
测试效率	达到可靠性要求较快	达到可靠性要求较慢
测试数据生成方法	基于使用的测试,根据软件的使用状况构造操作基于需求/结构的测试	根据软件的需求或结构生成测试
数据收集	需要收集测试输出结果和失效时间等数据	只需收集测试输出结果
数据分析	通过失效数据进行可靠性分析	根据用例执行
测试停止准则	满足可靠性要求	功能/性能测试:需求覆盖100% 结构测试:语句覆盖100%、分支覆盖100%或满足其他结构覆盖要求

10.6　需求测试

软件测试 V 模型要求在需求阶段就开始制订系统测试的计划,开始考虑系统测试的方法,但这还是不够的。全面的质量管理要求在每个阶段都要进行验证和确认的过程。因此在需求阶段我们还需要对需求本身进行测试。这个测试是必要的,因为在许多失败的项目中,70% ~ 85% 的返工是由于需求方面的错误所导致的。并且常常因为需求的缘故而导致大量的返工,造成进度延迟、缺陷的发散,因此要求在项目的源头(需求)就开始测试。这类测试更多的还只是静态手工方面的测试,当然也有一些自动化的工具,但这些工具会要求按照某个固定的格式进行需求的表述(例如形式化的方法描述需求,Petri 网、有穷状态机、Z 语言等描述需求),因此在适用性上会受到限制。通过静态手工方法进行需求测试中最常使用的手段是同行评审(Peer Review)。

同行评审是业界公认的最有效的排错手段之一。在需求测试过程当中,使用最多的也是同行评审,尤其是正规检视(Inspection)。正规检视是由 Michael Fagan 在 IBM 制订出来的一种非常严格的评审过程。

需求评审的参与者当中,必须要有用户或用户代表参与,同时还需要包括项目的管理者,系统工程师和相关开发人员、测试人员、市场人员、维护人员等。在项目开始之初就应当确定不同级别、不同类型的评审必须要有哪些人员的参与,否则,评审可能会遗漏掉某些人员的意见,导致今后不同程度的返工。

一个良好的需求应当具有以下特点:

(1)完整性:每一项需求都必须将所要实现的功能描述清楚,以使开发人员获得设计和实现这些功能所需的所有必要信息。

(2)正确性:每一项需求都必须正确地陈述其要开发的功能。

（3）一致性：一致性是指与其他软件需求或高层（系统，业务）需求不相矛盾。

（4）可行性：每一项需求都必须是在已知系统和环境的权能和限制范围内可以实施的。

（5）无二义性：对所有需求说明，读者都只能有一个明确统一的解释，由于自然语言极易导致二义性，所以可以用一些图形工具建模（如 E-R 图、数据流图、状态图等）描述需求。

（6）健壮性：需求的说明中是否对可能出现的异常情况进行了分析，并且对这些异常进行了容错处理。

（7）可测试性：每项需求都能通过设计测试用例或其他的验证方法来进行测试。

（8）可修改性：每项需求只应在需求规格说明书中出现一次。这样更改时易于保持一致性。

（9）可跟踪性：应能在每项软件需求与它的根源和设计元素、源代码、测试用例之间建立起链接链，因此可跟踪性要求每项需求以一种结构化的方式编写并单独标明。

另外应当对所有的需求分配优先级。如果把所有的需求都看作是同样的重要，那么项目管理者在开发或节省预算或调度中就会丧失控制自由度。

10.7　小　结

软件的其他测试技术为软件测试的整个过程提供了有益的补充,在测试中同样不可忽略。

第 11 章　软件测试自动化

通常情况下，软件测试的工作量很大，测试会占用到 40% 的开发时间，对于一些可靠性要求非常高的软件，测试时间甚至占到开发时间的 60%，而测试中的许多操作是重复性的、非智力性的和非创造性的，并要求能够准确细致地完成，这样就诞生了软件自动化测试这个领域。软件自动化测试就是通过自动化测试工具或其他手段，按照测试工程师的预定计划进行自动地测试，目的是减轻手工测试的工作量，从而达到提高软件质量的目的。

11.1　自动化测试概述

软件自动化测试是相对于手工测试而存在的，主要是通过所开发的软件测试工具、脚本（Script）等来实现，具有良好的可操作性、可重复性和高效率等特点。测试自动化是软件测试中提高测试效率、覆盖率和可靠性的重要测试手段，也可以说，测试自动化是软件测试不可分割的一部分。为了更好地理解自动化测试的意义，需要从手工测试的局限性和软件自动化测试所带来的好处两个方面考虑：

1. 手工测试的局限性

（1）通过手工测试无法做到覆盖所有代码路径。

（2）简单的功能性测试用例在每一轮测试中都不能少，而且具有一定的机械性、重复性，工作量往往较大。

（3）许多与时序、死锁、资源冲突、多线程等有关的错误，通过手工测试很难捕捉到。

（4）进行系统负载、性能测试时，需要模拟大量数据或大量并发用户等各种应用场合，很难通过手工测试来进行。

（5）进行系统可靠性测试时，需要模拟系统运行数年甚至几十年，以验证系统能否稳定运行，这也是手工测试无法模拟的。

（6）如果有大量（如上千个）的测试用例，需要在短时间内（如 1 天）完成，手工测试几乎不可能做到。

2. 软件自动化测试所带来的好处

（1）执行速度快，测试效率高，缩短软件开发测试周期，节省人力资源，降低测试成本。

（2）提高软件测试的准确度和精确度、稳定性和可靠性，增加软件信任度。

（3）软件测试工具使测试工作相对比较容易，还能产生更高质量的测试结果。

（4）对程序的新版本运行已有的测试，即回归测试。

（5）可以进行一些手工测试难以完成或不可能完成的测试，如压力、性能测试。

11.2　自动化测试的引入和实施

11.2.1　对自动化测试的认识误区

随着自动化测试的发展，产生了一些对自动化测试认识的误区。主要表现在：

1. 认识误区之一：自动化软件测试将逐渐完全替代手工测试

软件自动化测试能提高测试效率、覆盖率和可靠性，可以带来非常明显的收益。但是，自动化测试不是全能的，它只是测试工作的一部分，是对手工测试的一种补充。它的普遍应用存在局限是因为有以下限制：

（1）新缺陷越多，自动化测试失败的概率就越大。

（2）对测试质量的依赖性极大。

（3）测试工具与其他软件的兼容性和互操作性。

（4）测试自动化可能会制约软件开发。

（5）工具本身并无想象力，不能主动发现缺陷。

另外，人工测试比测试工具更优越的另一个方面是可以处理意外事件。虽然工具也能处理部分异常事件，但是对真正的突发事件和不能由软件解决的问题就显得无能为力。实际上，测试过程中 80% 以上的缺陷是手工测试发现的，仅有不到 20% 的缺陷是自动测试发现的，而且这 20% 的缺陷发现还要求测试人员能合理地运用工具。

2. 认识误区之二：运用软件测试工具后会减轻测试工作量，缩短测试进度

由于在测试过程中增加了新的元素，必然增加了测试过程的复杂度。因此，要使用任何新的测试工具都需要进行专业的培训与学习，并且在测试项目中不断实践应用，才能不断进步。因此，在使用工具的初期通常会使工作量、消耗时间等各项成本较手动测试增加 25% ～ 50%，而不是像多数人想象的那样可以很快降低成本。实际上有效的自动化不是那么简单，录制期间工具生成的测试脚本必须人工修改，这需要用到工具脚本知识，从而使脚本健壮、可重用并可维护。

3. 认识误区之三：软件测试工具对于任何软件都适用

工具都是针对解决某些特定的问题而开发的，所以必然有其局限性。软件测试工具自身同时也是软件，因此也会存在软件兼容性等不可避免的软件通病。而且测试工具只能解决某一方便的问题，应用范围狭窄也是软件测试工具的不足之一。

4. 认识误区之四：自动化测试可以达到100%的测试覆盖率

工具可以增加测试覆盖的深度和广度，但是即使面对有限的功能点，依靠工具也仍然无法进行覆盖率100%的测试。而且覆盖率越接近100%，需要的投入也就越多，并且不以线性关系呈现。在业务场景方面，对于简单的录制、回放来说，本身运行的稳定性已经很难保证，加上脚本的复用程度非常低，所以要达到较高的覆盖率是要投入非常多的自动化开发人力的，所以自动化覆盖率就很难达到一个较高的水平。

11.2.2 自动化测试的实施流程

自动化测试与软件开发过程从本质上来讲是一样的，无非是利用自动化测试工具（相当于软件开发工具），对测试需求进行分析（软件过程中的需求分析），设计出自动化测试用例（软件过程中的需求规格），从而搭建自动化测试的框架（软件过程中的概要设计），设计与编写自动化脚本（详细设计与编码），验证测试脚本的正确性，从而完成该套测试脚本（即主要功能为测试的应用软件）。

实施自动化测试之前需要对软件开发过程进行分析，通常需要同时满足以下条件：

（1）软件需求变动不频繁。

测试脚本的稳定性决定了自动化测试的维护成本。如果软件需求变动过于频繁，测试人员需要根据变动的需求来更新测试用例以及相关的测试脚本，而脚本的维护本身就是一个代码开发的过程，需要修改、调试，必要的时候还要修改自动化测试的框架，如果所花费的成本不低于利用其节省的测试成本，那么自动化测试便是失败的。项目中的某些模块相对稳定，而某些模块需求变动性很大。因此便可对相对稳定的模块进行自动化测试，而变动较大的仍用手工测试。

（2）项目周期足够长。

自动化测试需求的确定、自动化测试框架的设计、测试脚本的编写与调试均需要相当长的时间来完成，这样的过程本身就是一个测试软件的开发过程，需要较长的时间来完成。如果项目的周期比较短，没有足够的时间去支持这样一个过程，那么自动化测试便很难完成。

（3）自动化测试脚本可重复使用。

如果花费很多精力开发了一套近乎完美的自动化测试脚本，但是脚本的重复使用率很低，致使其间所耗费的成本大于所创造的经济价值，自动化测试便成了测试人员的练手之作，而并非是真正可产生效益的测试手段了。

另外，在手工测试无法完成，需要投入大量时间与人力时也需要考虑引入自动化测试。比如性能测试、配置测试、大数据量输入测试等。

软件自动化测试的实施流程如图11-1所示。

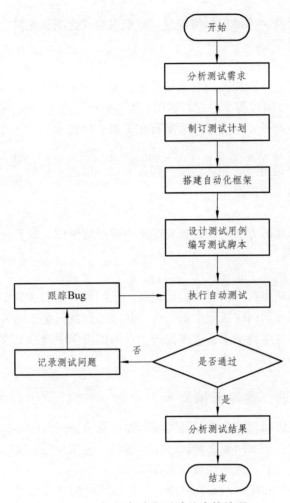

图 11-1　软件自动化测试的实施流程

1. 自动化测试需求分析

当测试项目满足自动化的前提条件，并确定在该项目中需要使用自动化测试时，就开始进行自动化测试需求分析。

2. 测试计划

在展开自动化测试之前，最好做个测试计划，明确测试对象、测试目的、测试的项目内容、测试的方法、测试的进度要求，并确保测试所需的人力、硬件、数据等资源都准备充分。制订好测试计划后，下发给用例设计者。

此过程需要确定自动化测试的范围以及相应的测试用例、测试数据，并形成详细的文档，以便于自动化测试框架的建立。

3. 自动化测试框架的搭建

所谓自动化测试框架是像软件架构一样，定义了在使用该套脚本时需要调用哪些文件、结构，调用的过程，以及文件结构如何划分。而根据自动化测试用例，很容易能够定位出自动化测试框架的典型要素：

（1）公用的对象。

不同的测试用例会有一些相同的对象被重复使用，比如窗口、按钮、页面等。这些公用的对象可被抽取出来，在编写脚本时随时调用。当这些对象的属性因为需求的变更而改变时，只需要修改该对象属性即可，而无需修改所有相关的测试脚本。

（2）公用的环境。

各测试用例也会用到相同的测试环境，将该测试环境独立封装，在各个测试用例中灵活调用，也能增强脚本的可维护性。

（3）公用的方法。

当测试工具没有需要的方法时，而该方法又会被经常使用，我们便需要自己编写通用方法，以方便脚本的调用。

（4）测试数据。

也许一个测试用例需要执行很多个测试数据，我们便可将测试数据放在一个独立的文件中，由测试脚本执行到该用例时读取数据文件，从而达到数据覆盖的目的。

在该框架中需要将这些典型要素考虑进去，在测试用例中抽取出公用的元素放入已定义的文件，设定好调用的过程。

4. 设计测试用例，编写测试脚本

自动化测试人员在用例设计工作开展的同时即可着手搭建测试环境。自动化测试的脚本编写需要录制页面控件，添加对象。测试环境的搭建，包括被测系统的部署、测试硬件的调用、测试工具的安装盒设置、网络环境的布置等。

根据自动化测试用例和问题的难易程度，采取适当的脚本开发方法编写测试脚本。一般先通过录制的方式获取测试所需要的页面控件，然后再用结构化语句控制脚本的执行，插入检查点和异常判定反馈语句，将公共普遍的功能独立成共享脚本，必要时对数据进行参数化。当然还可以用其他高级功能编辑脚本。脚本编写好了之后，需要反复执行，不断调试，直到运行正常为止。

事实上，当每一个测试用例所形成的脚本通过测试后，并不意味着执行多个甚至所有的测试用例就不会出错。输入数据以及测试环境的改变，都会导致测试结果受到影响甚至失败。而如果只是一个个执行测试用例，也仅能被称作是半自动化测试，这会极大地影响自动化测试的效率，甚至不能满足夜间自动执行的特殊要求。

因此，脚本的测试与试运行极为重要，它需要详查多个脚本不能依计划执行的原因，并保证其得到修复。同时它也需要经过多轮的脚本试运行，以保证测试结果的一致性与精确性。脚本的编写和命名要符合管理规范，以便统一管理和维护。

5. 分析测试结果，记录测试问题

应该及时分析自动化测试结果，建议测试人员每天抽出一定时间，对自动化测试结果进行分析，以便尽早地发现缺陷。如果采用开源自动化测试工具，建议对其进行二次开发，以便与测试部门选定的缺陷管理工具紧密结合。理想情况下，自动化测试案例运行失败后，自动化测试平台就会自动上报一个缺陷。测试人员只需每天抽出一定的时间，确认这些自动上报的缺陷是否是真实的系统缺陷。如果是系统缺陷就提交开发人员修复，如果不是系统缺陷，就检查自动化测试脚本或者测试环境。

6.　跟踪测试 Bug

测试记录的 Bug 要记录到缺陷管理工具中去，以便定期跟踪处理。开发人员修复后，需要对此问题执行回归测试，就是重复执行一次该问题对应的脚本，执行通过则关闭，否则继续修改。如果问题的修改方案与客户达成一致，但与原来的需求有所偏离，那么在回归测试前，还需要对脚本进行必要的修改和调试。

11.3　软件自动化测试的原理、方法和级别

11.3.1　软件自动化测试的原理和方法

软件自动化测试实现的基础是可以通过设计的特殊程序模拟测试人员对计算机的操作过程、操作行为，或者类似于编译系统那样对计算机程序进行检查。软件测试自动化实现的原理和方法主要有：

1.　直接对代码进行静态和动态分析

代码分析类似于高级编译系统，一般针对不同的高级语言构造分析工具，在工具中定义类、对象、函数、变量等定义规则、语法规则；在分析时对代码进行语法扫描，找出不符合编码规范的地方；根据某种质量模型评价代码质量，生成系统的调用关系图等。

2.　测试过程的捕获和回放

代码分析是一种白盒测试的自动化方法，捕获和回放则是一种黑盒测试的自动化方法。

捕获是将用户每一步操作都记录下来。这种记录的方式有两种：程序用户界面的像素坐标或程序显示对象（窗口、按钮、滚动条等）的位置，以及相对应的操作、状态变化或是属性变化。所有的记录转换为一种脚本语言所描述的过程，以模拟用户的操作。

回放时，将脚本语言所描述的过程转换为屏幕上的操作，然后将被测系统的输出记录下来同预先给定的标准结果比较。这可以大大减轻黑盒测试的工作量，在迭代开发的过程中，能够很好地进行回归测试。

3.　测试脚本技术

脚本是一组测试工具执行的指令集合，也是计算机程序的一种形式。脚本可以通过录制测试的操作产生，然后再做修改，这样可以减少脚本编程的工作量。当然，也可以直接用脚本语言编写脚本。

脚本技术可以分为以下几类：

线性脚本：是录制手工执行的测试用例得到的脚本。

结构化脚本：类似于结构化程序设计，具有各种逻辑结构（顺序、分支、循环），而且具有函数调用功能。

共享脚本：是指某个脚本可被多个测试用例使用，即脚本语言允许一个脚本调用另一个脚本。

数据驱动脚本：将测试输入存储在独立的数据文件中。

关键字驱动脚本：是数据驱动脚本的逻辑扩展。

4. 虚拟用户技术

虚拟用户技术通过模拟真实用户的行为来对被测程序（Application Under Test，AUT）施加负载，以测量 AUT 的性能指标值，如事务的响应时间、服务器的吞吐量等。它以真实用户的"商务处理"（用户为完成一个商业业务而执行的一系列操作）作为负载的基本组成单位，用"虚拟用户"（模拟用户行为的测试脚本）来模拟真实用户。可模拟来自不同 IP 地址、不同浏览器类型以及不同网络连接方式的请求。

11.3.2　软件自动化测试的级别

对于自动化测试的初学者，了解自动化测试最快捷的方法是使用捕获回放工具的录制功能。捕获回放工具可以回放录制的内容，因此可以执行与手工执行完全相同的测试。但这只是测试自动化的最低级别的应用。按照自动化测试的成熟度可以分为 5 个级别。

级别 1：捕获和回放。

级别 1 是使用自动化测试的最低的级别，同时这并不是自动化测试最有用的使用方式。

级别 2：捕获、编辑和回放。

在级别 2 中，使用自动化的测试工具来捕获想要测试的功能。将测试脚本中的任何固定的测试数据，比如名字、账号等，从测试脚本的代码中完全删除，并将他们转换成为变量。

级别 3：编程和回放。

级别 3 是面对多个构建版本的有效使用测试自动化的第一个级别。这个级别需要掌握测试脚本语言的知识，因此需要对测试自动化工具的使用进行适当的培训，这样才能使用自动化测试并构建不同的回归测试。

级别 4：数据驱动的测试。

对于自动化测试来说级别 4 是一个专业的测试级别。级别 4 可以利用测试工具提供的所有的测试功能，测试中会使用到大量真实的数据，因此测试人员必须要花费时间来确定在哪里收集数据和收集哪些数据。

级别 5：使用动作词的测试自动化。

级别 5 是自动化测试的最高级别，主要的思想是将测试用例从测试工具中分离出来。

5 个测试级别的优点、缺点和用法如表 11-1 所示。

表 11-1　5 个测试级别的优点、缺点和用法

	优点	缺点	用法
级别 1	自动化的测试脚本能够自动生成，而且不需要有任何的编程知识	拥有大量的测试脚本，同时当需求和应用发生变化时相应的测试脚本也必须被重新录制	测试的系统不会发生变化时，小规模的自动化。
级别 2	测试脚本开始变得更加的完善和灵活，并且可以大大地减少脚本的数量和维护的工作	需要一定的编程知识，而且变更和维护的难度非常大	当进行回归测试时，被测试的应用有很小的变化，比如仅仅是针对代码的变化，但是没有关于 GUI 界面的变化
级别 3	确定了测试脚本的设计，使用与开发中相同的编码习惯是非常好的。能够在项目的早期就开始进行测试脚本的设计，可以与开发人员交流并调查他们认为可能会存在问题的地方，确保了开发人员的关注在获得能够被测试的方案上	要求测试人员具有很好的软件技能，包括设计、开发等	大规模的测试套件被开发、执行和维护的专业自动化测试
级别 4	能够维护和使用良好的并且有效地模拟真实生活中数据的测试数据	需要软件开发的技能作为是基础，并且需要访问相关的测试数据	大规模的测试套件被开发、执行和维护的专业自动化测试
级别 5	测试用例的设计从测试工具中分离了出来，关注集中在设计良好的测试用例上。允许快速的测试用例的执行和基于用例的更好的估计	需要一个具有相关工具技能和开发技能的测试团队，以提供并维护测试工程（框架）	专业的测试自动化将技能的使用最优化地结合起来

11.4　软件自动化测试工具

11.4.1　软件自动化测试工具的特征

软件自动化测试通常借助测试工具进行，测试工具可以完成部分的测试设计、实现和执行的工作。部分智能化高一些的测试工具可以实现自动生成测试用例，但大部分的测试工具都需要人工设计测试用例，使用工具进行测试用例的执行和比较。归纳起来，测试工具一般具有下列特征：

（1）支持脚本化语言。

这是最基本的一条要求，脚本语言具有与编程语言类似的语法结构，可以对已经录制好的脚本进行编辑修改。

（2）对程序界面对象的识别能力。

测试工具必须能够将测试程序界面中的所有对象区分并标识出来，录制的测试脚本才具有更好的可读性、灵活性和更大的修改空间。

（3）支持函数的可重性。

测试工具在这项功能上的实现情况有两点要注意的：一是要确保脚本能比较容易地实现对函数的调用；二是还要支持脚本与被调函数之间的参数传递。比如：对于用户登录函数，每次调用时可能都需要使用不同的用户名和口令，此时就必须通过参数的传递将相关信息送到函数内部执行。

（4）支持外部函数库。

一些外部函数同样能为测试提供更加大的功能，如 Windows 程序中对 dll 文件的访问，Client\Server 程序中采用外部函数进行数据库操作正确性检查等。

（5）支持抽象层。

抽象层可将程序界面中存在的所有实体映射成逻辑对象，通过简单修改抽象层，帮助减少测试维护工作量。

11.4.2　软件自动化测试工具的分类

1. 根据测试方法不同分类

根据测试方法不同，自动化测试工具可以分为：白盒测试工具和黑盒测试工具。

1）白盒测试工具

白盒测试工具一般是针对被测源程序进行的测试，测试所发现的故障可以定位到代码级。又可分为静态测试工具和动态测试工具。静态测试工具直接对代码进行分析，不需要运行代码，也不需要对代码编译链接并生成可执行文件，一般是对代码进行语法扫描，找出不符合编码规范的地方，根据某种质量模型评价代码的质量，生成系统的调用关系图等。

动态测试工具与静态测试工具不同，动态测试工具的一般采用"插桩"的方式，向代码生成的可执行文件中插入一些监测代码，用来统计程序运行时的数据。其与静态测试工具最大的不同就是动态测试工具要求被测系统实际运行。

白盒测试工具比较多，对它们的选择必须考虑它们所支持的语言或环境，比较有代表性的如表 11-2 所示：

表 11-2　白盒测试工具及主要功能

公司	软件名称	支持语言	主要功能
Logiscope	Telelogic	C、C++、Java、Ada	软件质量分析工具 Audit；代码规范性检测工具 Rulechecker；测试覆盖率统计工具 TestChecker
parasoft	jtest	java	代码静态分析、接口函数测试、自回归测试
	C++ Test	C、C++	
	.test	.Net	
	CodeWizard	C、C++	代码规则检测
	Insure++	C、C++	内存检查，覆盖率分析

公司	软件名称	支持语言	主要功能
Compuware	DevPartner	C++，Java，Visual Basic	代码覆盖率分析工具 TrueCoverage，代码效率分析工具 TrueTime 和内存分析检查工具 BoundsChecker
Ibm	Rational PurifyPlus	Java、C/C++、Visual Basic 和.Net	代码覆盖率分析工具 pureCoverage，代码效率分析工具 pureQuantity 和内存检查工具 purify
McCabe	McCabe IQ	C、C++、Java、Ada、Visual Basic 和.Net	用于静态结构分析、代码复杂度和覆盖率分析，包含 McCabe Test，McCabe QA，McCabe Reengineering 等组件
LDRA	TestBed	C、C++、Ada	静态结构分析、代码检查、覆盖率分析
PRQA	QA	C、C++、Java	代码检查
Gimpel	PC-Lint	C、C++	代码检查
PolySpace	PolySpace	C、C++、Ada	代码静态分析
北航	QESAT	C++、Java	代码动态测试和覆盖率分析
Applied Microsystems	CodeTest		嵌入式硬件测试工具，可进行内存检查、覆盖率分析、代码性能分析
开源	JUNIT	Java	单元测试，代码检查

2）黑盒测试工具

黑盒测试工具是在明确软件产品应具有的功能的条件下，完全不考虑被测程序的内部结构和内部特性，通过测试来检验软件功能是否按照软件需求规格的说明正常工作。按照完成的功能不同，黑盒测试工具可以分为：

功能性测试工具：用于检测程序能否达到预期的功能要求并正常运行。

性能型测试工具：用于确定软件和系统的性能。

2. 根据测试的对象和目的分类

根据测试的对象和目的，自动化测试工具可以分为：单元测试工具、功能测试工具、性能测试工具、测试设计与开发工具、测试执行和评估工具等。

1）功能测试工具

功能测试工具实现了功能测试和回归测试的自动化，它具有一个用户记录器，能够自动记录操作脚本，降低测试在人力物力上的投入和风险。功能测试工具是一个面向对象的工具，可以建立，修改和实现自动化的功能测试，实现测试的各方面数据和脚本的共享，提供一个面向 Web 站点的强大工具，进行网站链接测试、网站监控等功能。比较有代表性的功能测试工具如下：

（1）WinRunner。企业级的功能测试工具，通过自动录制、检测和回放用户的应用操作，从而提高测试效率。

（2）QARun。一款自动回归测试工具，要安装 QARun 必须安装.Net 环境，还提供与 TestTrack Pro 的集成。

（3）Rational Robot。属于 Rational TestSuite 中的一员，对于 Visual studio 6 编写的程序支持得非常好，同时还支持 Java Applet、HTML、Oracle Forms、People Tools 应用程序。

（4）Functional Tester。它是 Robot 的 Java 实现版本，Robot 被移植到了 Eclipse 平台，并完全支持 Java 和.Net。可以使用 VB.net 和 Java 进行脚本的编写。

2）性能测试工具

由于负载和性能测试是手工测试的弱项，而是自动化测试工具的强项，所以可以利用性能测试工具来检测应用程序的整体系统性能，发现系统瓶颈。负载性能测试工具通常是通过录制、回放脚本、模拟多用户同时访问被测试系统等，制造负载，产生并记录各种性能指标，生成分析结果，从而完成性能测试的任务。性能测试工具在第 8 章已经有过介绍。

3）测试设计与开发工具

测试设计是说明被测软件特征或特征组合的方法，并确定选择相关测试用例的过程。测试设计与开发需要的工具类型有：

（1）测试数据生成器；

（2）基于需求的测试设计工具；

（3）捕捉回放；

（4）覆盖分析。

4）测试执行与评估工具

测试执行与评估是执行测试用例并对测试结果进行评估的过程。包括选择用于执行的测试用例、设置测试环境、运行所选择的测试用例、记录测试执行过程，并检查测试工作的有效性。

各种自动化测试工具在软件开发周期中的位置如图 11-2 所示。

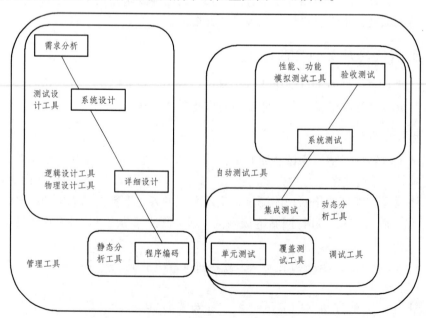

图 11-2　各种自动化测试在软件开发周期中的位置

11.4.3　软件自动化测试工具的选择

目前市面上流行的测试工具很多，对测试工具的选择可综合考虑以下几个原则：

1. 功　　能

功能是选择测试工具最应该首先考虑的问题。在测试工具选型中，并非功能越多越好，工具能够帮助测试人员完成何种工作及测试效果如何，这是重要的参考因素。另外，考虑测试工具的功能要结合软件所处的生命周期阶段，不同的生命周期所需要的测试重点不一样，那么对测试工具的功能需求自然也就不一样。例如程序编码阶段可能需要 Telelogic 公司的 Logiscope 软件、Rational 公司的 Purify 系列等；测试和维护阶段可能需要 Compuware 的 DevePartner 和 Telelogic 公司的 Logiscope 等。

2. 性　　能

测试工具的性能主要考虑以下因素：测试工具可否跨平台使用，其与操作系统和开发工具的兼容性如何；测试工具与被测试软件的集成能力如何；测试结果的展示能力如何，能否生成报表或其他格式，测试数据是否方便导入导出等。

3. 价　　格

考虑工具的价格，分析其性价比是否值得购买。

4. 测试工具引入的连续性和一致性

在选择测试工具时，有必要对测试工具的选择有一个全盘的考虑，分阶段、逐步地引入测试工具。使用了测试工具，并不是说已经进行了有效测试，测试工具通常只支持某些应用的测试自动化，因此在进行软件测试时常用的做法是：使用一种主要的自动化测试工具，然后用传统的编程语言（如 Java、C++，Visual Basic 等）编写自动化测试脚本以弥补测试工具的不足。同时，也可有效避免在测试工具上的重复选型、重复购买等行为。

11.4.4　软件自动化测试工具使用应注意的问题

实际上，测试工具只能检查一些最主要的问题，却无法发现一些日常错误。这些日常错误通过人眼很容易找到，但工具却不行。在自动测试中编写测试脚本的工作量往往很大，因此在实际测试中通常是手工测试和自动测试相结合使用。而且，手工测试往往是主要的，占到工作量的 1/2～2/3，而自动测试只占工作量的 1/3～1/2。在不同的测试团队中，这个比例会有所不同。

总之，采用测试工具一定要了解这个工具能做什么以及怎样做，使之促进测试工作的开展。测试工具的定位无论是测试经理还是测试工程师，都应该在工作中对测试工具进行正确定位，尤其是针对一些执行类工具。在实际工作中，测试工具只是起辅助作用，主要是用其来提高测试效率。自动化测试只是弥补了手工测试的一些不足，是不可能替代手工测试的。

一些资料表明，微软在日常的测试中自动测试也只占到了 20% 左右。至于什么时候要使用测试工具，一定要依据软件的不同情况来分别对待。

11.5　小　结

软件测试实行自动化进程，绝不是要取代手工测试，而是因为测试工作的需要，更准确地说是回归测试和系统测试的需要，作为手工测试的有益补充。软件自动化测试可以带来非常明显的收益，但目前还不能解决所有的测试问题，因此需要建立正确的自动化测试目标，消除对自动化测试工具的错误认识，根据测试的实际需要，将手工测试和自动化测试结合适用，才会取得更好的测试效果。

第 12 章　JUnit 测试框架

12.1　初识 JUnit 测试框架

单元级测试在面向对象的开发中变得越来越重要，而一个简明易学、适用广泛、高效稳定的单元级测试框架对成功的实施测试有着至关重要的作用。在 Java 编程环境中，JUnit Framework 是一个已经被许多 Java 程序员采用和实证的优秀测试框架。开发人员只需要按照 JUnit 的约定编写测试代码，就可以对自己要测试的代码进行测试。本小节我们采用 JUnit 的一个小例子来学习在 Myeclipse 下 JUnit 的运用。

我们创建一个 Java 工程，项目名称为 JunitLesson1，添加一个 example.Hello 类，首先给 Hello 类添加一个 reAbs（int）方法，作用是返回绝对值，源代码如下：

```java
package example;
public class Hello {
    public int reAbs(int a) {
        return a > 0 ? a : -a;
    }
}
```

因为 MyEclipse 现在默认的是 JUnit3.8，我们准备使用 JUnit4.4，所以必须在项目里面导入该包。选择 "project" → "properties"，在左侧树形条里面选择 "Java Build Path"，单击右边的 Libraries 选项卡，如图 12-1 所示，点击 "Add External JARs…"，找到 JUnit4.4.jar，导入到项目内。

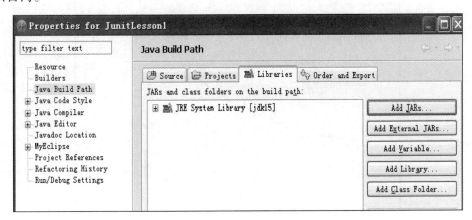

图 12-1　引入 JUnit 包

接下来，我们在项目 JunitLesson1 根目录下添加一个新目录 testsrc，并把它加入项目源代码目录中：单击图 12-1 的 Source 选项卡，新建一个目录 test，将单元测试的代码放在此目录下。

我们准备对这个方法进行测试，确保功能正常。选中 Hello.java，右键点击，选择"New" → "other"，在弹出的对话框中选择"java" → "JUnit" → "JUnit Test Case"，点击"Next"按钮，弹出如图 12-2 对话框。

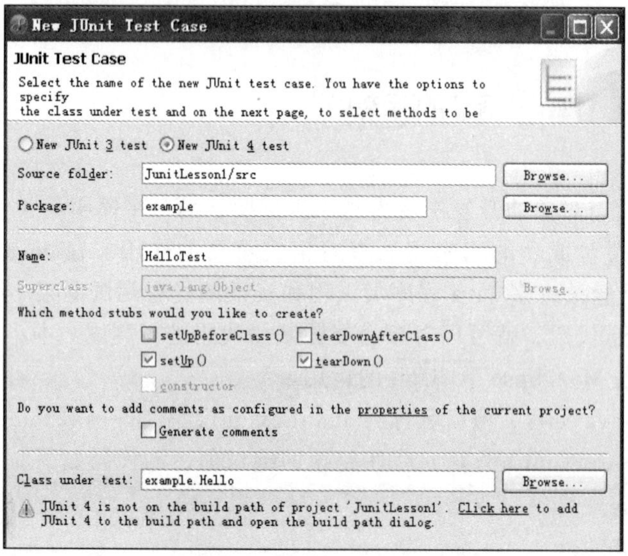

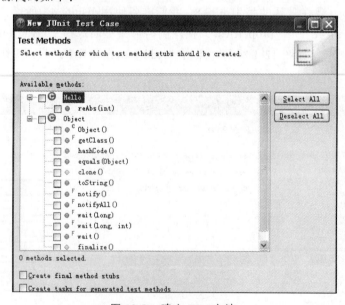

图 12-2　建立 Test Case

保持默认选项，点击"Next"按钮，进入图 12-3 所示对话框，选择要进行测试的方法，把 Hello 类的 reAbs（int）方法勾选上，点击"Finish"按钮，系统自动生成对 Hello 类的测试类 HelloTest，源代码如下：

图 12-3　建立 Test 方法

```
package example;
import static org.junit.Assert.*;
import org.junit.After;
import org.junit.Before;
import org.junit.Test;
public class HelloTest {
    @Before             //Java Anotation  注释性编程
    public void setUp() throws Exception {
    }
    @After
    public void tearDown() throws Exception {
    }
    @Test
    public void testReAbs() {
        fail("Not yet implemented");
    }
}
```

修改如下：

```
package example;
import static org.junit.Assert.*;
import org.junit.After;
import org.junit.Before;
import org.junit.Test;
public class HelloTest {
    private Hello hello;
    @Before
    public void setUp() throws Exception {
        hello = new Hello();
    }
    @After
    public void tearDown() throws Exception {
    }
    @Test
    public void testReAbs() {
        int a1 = hello.reAbs(20);
        assertEquals(20,a1);// ————————#1
    }

}
```

然后运行 HelloTest 类查看运行结果，如图 12-4 所示。

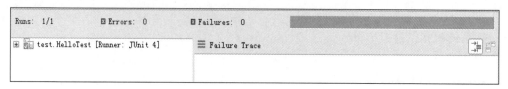

图 12-4 运行结果 1

图中，Errors = 0，Failures = 0，绿色条代表测试通过。

将 1 处代码修改如下：

assertEquals（– 20，a1）；

再次运行 HelloTest 类查看运行结果，如图 12-5 所示。

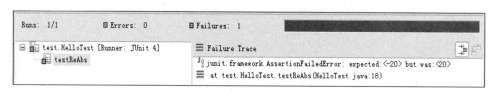

图 12-5 运行结果 2

图中，Errors = 0，Failures = 1，红条代表有测试方法没有通过。

在 HelloTest 类中，@Before 注释的方法是建立测试环境，这里创建一个 Hello 类的实例；@After 注释的方法用于清理资源，如释放打开的文件等；@Test 注释的方法被认为是测试方法，JUnit 会依次执行这些方法。在 testReAbs()方法中，我们对 reAbs()分别进行 2 次测试，assertEquals 方法比较运行结果和预期结果是否相同。如果有多个测试方法，JUnit 会创建多个测试实例，每次运行一个测试方法，@Before 和@After 注释的方法会在测试实例前后被调用，因此，不要在一个 testA()中依赖 testB()。

现在我们在 Hello 类中增加一个方法，代码如下：

```
public double add(double number1,double number2) {
        return number1 + number2;
    }
```

然后在 HelloTest 类中增加一个测试方法 testAdd，代码如下：

```
@Test
public void testAdd(){
        double result=hello.add(10,30);
        assertEquals(40,result,0);
    }
```

运行 HelloTest 类查看运行结果。assertEquals 方法中的第三个参数表示的是允许误差范围。

12.2 JUnit 框架分析

自动化测试框架就是可以自动对代码进行单元测试的框架。在传统的软件开发流程中，需求、设计、编码和测试都有各自独立的阶段，阶段之间不可以回溯，所以测试是不是自动化并不重要。新的软件开发流程中，引入了迭代开发的概念，并且项目迭代周期短，对代码要进行频繁的重构，这就要求单元级测试必须能够自动、简便、高速的运行，否则重构就是不现实的。

　　自动化测试框架应该支持简单操作，向测试包中添加新的测试用例，而且不影响测试包的正常运行。JUnit 的自动化测试框架图如图 12-6 所示。

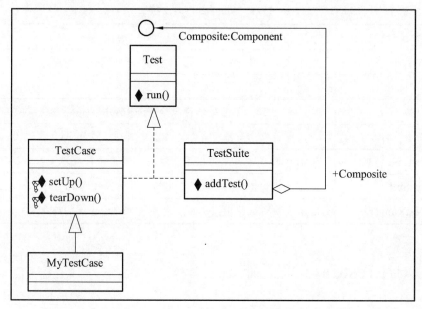

图 12-6　JUnit 自动化测试框架

　　这是一个典型的 Composite 设计模式：TestSuite 可以容纳任何派生自 Test 的对象；当调用 TestSuite 对象的 run()方法时，它会遍历自己容纳的对象，逐个调用它们的 run()方法。使用者无须关心自己拿到的究竟是 TestCase 还是 TestSuite，只管调用对象的 run()方法，然后分析 run()方法返回的结果就行了。

　　TestCase（测试用例）：扩展了 JUnit 的 TestCase 类的类。它以 testXXX 方法的形式包含一个或多个测试。一个 test case 把具有公共行为的测试归入一组。在本书的后续部分，当我们提到测试的时候，我们指的是一个 testXXX 方法；当我们提及 test case 的时候，我们指的是一个继承自 TestCase 的类，也就是一组测试。

　　TestSuite（测试集合）：一组测试。一个 test suite 是把多个相关测试归入一组的便捷方式。例如，如果你没有为 TestCase 定义一个 test suite，那么 JUnit 就会自动提供一个 test suite，包含 TestCase 中所有的测试（稍后会详细说明）。

　　TestRunner（测试运行器）：执行 test suite 的程序。JUnit 提供了几个 test runner，你可以用它们来执行需要的测试。没有 TestRunner 接口，只有一个所有 test runner 都继承的 BaseTestRunner。因此，当我们编写 TestRunner 的时候，我们实际上指的是任何继承 BaseTestRunner 的 test runner 类。

　　这 3 个类是 JUnit 框架的骨干，如图 12-7 所示。一旦理解了 TestCase、TestSuite 和 BaseTestRunner 的工作方式，就可以随心所欲地编写测试了。在正常情况下，用户只需要编写 test case，其他类会在幕后帮助完成测试。这 3 个类和另外 4 个类紧密配合，形成了 JUnit 框架的核心。表 12-1 所示归纳了这 7 个核心类各自的责任。

图 12-7　JUnit 成员三重唱，共同产生测试结果

表 12-1　Junit 核心类及接口

类和接口	任务
Assert	当条件成立时 assert 方法保持沉默，但若条件不成立就抛出异常
TestResult	包含了测试中发生的所有错误或者失败
Test（接口）	可以运行 Test 并把结果传递给 TestResult
TestListener（接口）	测试中若产生事件（开始、结束、错误、失败）会通过 TestListener
TestCase	TestListener 定义了可以用于运行多项测试的环境（或者说固定设备）
TestSuit	运行一组 test case（也有可能包含其他 test suit），是 Test 的组合
BaseTestRunner	用来启动测试的用户界面，是所有 test runner 的超类

12.3　用 TestCase 来工作

概括地说，JUnit 的工作过程就是由 TestRunner 来运行包含一个或多个 TestCase（或者其他 TestSuite）的 TestSuite。但在常规工作中，用户通常只和 TestCase 打交道。有些测试会用到一些资源，要把这些资源配置好是比较麻烦的事。比如像数据库连接这样的资源就是典型的例子。可能 TestCase 中的几个测试需要连接到一个测试数据库并访问一些测试表，另一组测试则可能需要复杂的数据结构或者很长的随机输入序列。

把通用的资源配置代码放在测试中并不是好主意。用户并不想测试自己建立资源的能力，而只需要一个稳健的外部环境，在这个环境中运行测试。运行测试所需要的这个外部资源环境通常称作 test fixture（运行一个或多个测试所需的公用资源或数据集合）。

TestCase 通过 setUp 和 tearDown 方法来自动创建和销毁 fixture。TestCase 会在运行每个测试之前调用 setUp，并且在每个测试完成之后调用 tearDown。把不止一个测试方法放进同一个 TestCase 的一个重要理由就是可以共享 fixture 代码。图 12-8 描述了 TestCase 的生命周期。

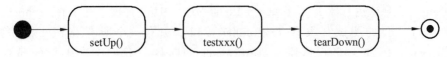

图 12-8　TestCase 生命周期，为每个测试方法重新创建 fixture

需要 fixture 的一个典型例子就是数据库连接。如果一个 TestCase 包括好几项数据库测试，那么它们都需要一个新建立的数据库连接。通过 fixture 就可以很容易地为每个测试开启

一个新连接，而不必重复编写代码。还可以用 fixture 来生成输入文件，这意味着不必在测试中携带测试文件，而且在测试开始执行之前状态总是已知的。

JUnit 还通过 Assert 接口提供的工具方法来复用代码，这将在下一节中加以介绍。

在测试一个单元方法时，有时用户会需要给它一些对象作为运行时的资料，例如撰写下面这个测试案例：

```java
MaxMinTest.java
package onlyfun.caterpillar.test;
import onlyfun.caterpillar.MaxMinTool;
import junit.framework.TestCase;
public class MaxMinTest extends TestCase {
    public void testMax() {
        int[] arr = {-5, -4, -3, -2, -1, 0, 1, 2, 3, 4, 5};
        assertEquals(5,MaxMinTool.getMax(arr));
    }
    public void testMin() {
        int[] arr = {-5, -4, -3, -2, -1, 0, 1, 2, 3, 4, 5};
        assertEquals(-5, MaxMinTool.getMin(arr));
    }
}
```

用户设计的 MaxMinTool 包括静态方法 getMax() 与 getMin()，当用户给它一个整数阵列，它们将分别传回阵列中的最大值与最小值。显然，用户所准备的阵列重复出现在两个单元测试之中，而重复的程序代码在设计中应尽量避免，在这两个单元测试中，整数阵列是单元方法所需要的资源，我们称之为 fixture，也就是一个测试时所需要的资源集合。

fixture 必须与上下文（Context）无关，也就是与程序执行前后无关，这样才符合单元测试的意义，为此，通常将所需的 fixture 写在单元方法之中，那么在单元测试开始时创建 fixture，并于结束后销毁 fixture。

然而对于重复出现在各个单元测试中的 fixture，用户可以集中加以管理，并在继承 TestCase 之后，重新定义 setUp() 与 tearDown() 方法，将数个单元测试所需要的 fixture 在 setUp() 中创建，并在 tearDown() 中销毁，例如：

```java
MaxMinTest.java
package onlyfun.caterpillar.test;
import onlyfun.caterpillar.MaxMinTool;
import junit.framework.TestCase;
public class MaxMinTest extends TestCase {
    private int[] arr;
    protected void setUp() throws Exception {
        super.setUp();
        arr = new int[]{-5, -4, -3, -2, -1, 0, 1, 2, 3, 4, 5};
    }
```

```
        protected void tearDown() throws Exception {
            super.tearDown();
            arr = null;
        }
        public void testMax() {
            assertEquals(5,MaxMinTool.getMax(arr));
        }
        public void testMin() {
            assertEquals(-5, MaxMinTool.getMin(arr));
        }


        }
```

setUp()方法会在每一个单元测试 testXXX()方法开始前被呼叫，因而整数数组会被建立，而 tearDown()会在每一个单元测试 testXXX()方法结束后被呼叫，因而整数数组参考名称将会设为 null，如此一来，用户可以将 fixture 的管理集中在 setUp()与 tearDown()方法之后。

最后按照测试案例的内容，用户完成 MaxMinTool 类别，则有：

```
    MaxMinTool.java
    package onlyfun.caterpillar;
    public class MaxMinTool {
        public static int getMax(int[] arr) {
            int max = Integer.MIN_VALUE;
            for(int i = 0; i < arr.length; i++) {
                if(arr[i] > max)
                    max = arr[i];
            }
            return max;
        }
        public static int getMin(int[] arr) {
            int min = Integer.MAX_VALUE;
            for(int i = 0; i < arr.length; i++) {
                if(arr[i] < min)
                    min = arr[i];
            }
            return min;
        }
    }
```

Swing 界面的 TestRunner 在测试失败时会显示红色条，而在测试成功后会显示绿色条，而 "Keep the bar green to keep the code clean." 正是 JUnit 的要求，也是测试的最终目的。

12.4　创建单元测试方法

使用 fixture 是复用配置代码的好办法。但是还有很多常见的任务，很多测试都会重复执行这些任务。JUnit 框架用一组 assert 方法封装了最常见的测试任务。这些 assert 方法可以极大地简化单元测试的编写。

1. Assert 超类型

Assert 类包含了一组静态的测试方法，用于验证期望值（Expected）和实际值（Actual）逻辑比对是否正确，即测试失败，标志为未通过测试。如果期望值和实际值比对失败，Assert 类就会抛出一个 AssertionFailedError 异常，JUnit 测试框架将这种错误归入 fails 并且加以记录。每一个 Assert 类所属的方法都会被重载（OverLoaded），如果指定了一个 String 类型的传参则该参数将被作为 AssertionFailedError 异常的标识信息，告诉测试人员该异常的具体信息。

定义 assert 方法的辅助类的名称：Assert 类。这个类包含了很多对于编写测试很有用的具体代码。Assert 只有 8 个公有核心方法，如表 12-2 所示。

表 12-2　Assert 超类所提供的 8 个核心方法

方　　法	描　　述
assertTrue	断言条件为真。若不满足，方法抛出带有相应的信息（如果有的话）的 AssertionFailedError 异常
assertFalse	断言条件为假。若不满足，方法抛出带有相应的信息（如果有的话）的 AssertionFailedError 异常
assertEquals	断言两个对象相等。若不满足，方法抛出带有相应的信息（如果有的话）的 AssertionFailedError 异常
assertNotNull	断言对象不断 null。若不满足，方法抛出带有相应的信息（如果有的话）的 AssertionFailedError 异常
assertNUll	断言对象为 null。若不满足，方法抛出带有相应的信息（如果有的话）的 AssertionFailedError 异常
assertSame	断言两个引用指向同一个对象。若不满足，方法抛出带有相应的信息（如果有的话）的 AssertionFailedError 异常
assertNotSame	断言两个引用指向不同的对象。若不满足，方法抛出带有相应的信息（如果有的话）的 AssertionFailedError 异常
fail	让测试失败，并给出指定的信息

Javadoc 中充满了这 8 个方法的便捷形式。这些便捷形式使得传递测试中需要的任何类型都很简单。以 assertEquals 方法为例，它就有 20 种形式，大多数形式都是便捷形式，但最终还是调用了核心的 assertEquals（String message，Object expected，Object actual）方法。

2. 保持测试的独立性

在你开始编写测试的时候，请记住第一条规则：每项单元测试都必须独立于其他所有单元测试而运行。单元测试必须能以任何顺序运行，一项测试不能由于前面的测试造成的变化（比如把某个成员变量设置成某个状态）而改变测试结果。如果一项测试依赖于其他测试，那么会产生许多问题。下面是相互依赖的测试可能造成的问题：

（1）不具可移植性。默认情况下，JUnit 通过反射来测试方法。反射 API 并不保证返回方法名的顺序。如果测试依赖于这个顺序，那么可能 test suite 在某个 JVM 上运行正常，但在另一个 JVM 上无法运行。

（2）难以维护。当修改一项测试时，会发现其他一批测试也受到了影响，那么还要花时间去维护其他测试，而这些时间本可用于开发代码。

（3）不够清晰。为了理解相互依赖的测试是如何工作的，用户必须理解每个测试是如何工作的，这样测试就变得难读也难以掌握。好的测试必须简单易懂、易于掌握。

12.5 TestSuite

用户定义自己的 TestCase，并使用 TestRunner 来运行测试。事实上 TestRunner 并不直接运行 TestCase 上的单元方法，而是通过 TestSuite。TestSuite 可以将数个 TestCase 组合在一起，而让每个 TestCase 保持简单。

来看看一个例子：

```
MathToolTest.java
package onlyfun.caterpillar.test;
import onlyfun.caterpillar.MathTool;
import junit.framework.TestCase;
public class MathToolTest extends TestCase {
    public MathToolTest(String testMethod) {
        super(testMethod);
    }
    public void testGcd() {
        assertEquals(5,MathTool.gcd(10,5));
    }

        public static void main(String[] args) {
        junit.textui.TestRunner.run(MathToolTest.class);
    }
}
```

在这个例子中，用户并没有看到任何的 TestSuite。事实上，如果用户没有提供任何的 TestSuite，TestRunner 会自动建立一个，然后这个 TestSuite 会使用反射（Reflection）自动找出 testXXX()方法。

如果用户要自行生成 TestSuite，则在继承 TestCase 之后，提供静态的（static）的 suite() 方法，例如：

```
public static Test suite() {
    return new TestSuite(MathTool.class);
    }
```

如果用户没有提供任何的 TestSuite，则 TestRunner 就会像上面这样自动建立一个，并找出 testXXX() 方法，也可以如下所示定义 suite() 方法：

```
public static Test suite() {
    TestSuite suite = new TestSuite(MathTool.class);
        suite.addTest(new MathToolTest("testGcd"));
        return suite;
    }
```

JUnit 并没有规定一定要使用 testXXX() 这样的方式来命名测试方法，如果用户要提供自己的方法（当然 JUnit 鼓励使用 testXXX() 这样的方法名称），则可以如上编写，为了能够使用构造函数提供测试方法名称，用户的 TestCase 必须提供如下的构造函数：

```
public MathToolTest（String testMethod）  {
    super（testMethod）;
}
```

如果要加入更多的测试方法，使用 addTest() 就可以了，suite() 方法传回一个 TestSuite，它与 TestCase 都实现了 Test 界面，TestRunner 会调用 TestSuite 上的 run() 方法，然后 TestSuite 会将之委托给 TestCase 上的 run() 方法，并执行每一个 testXXX() 方法。

除了组合 TestCase 之外，用户还可以将数个 TestSuite 组合在一起，例如：

```
public static Test suite() {
    TestSuite suite= new TestSuite();
        suite.addTestSuite(TestCase1.class);
        suite.addTestSuite(TestCase2.class);
        return suite;
    }
```

如此以来，便可以一次运行所有的测试，而不必单独运行每一个测试案例；用户也可以写一个运行全部测试的主测试，而在使用 TestRunner 时需要 suite() 方法，例如：

```
junit.textui.TestRunner.run(TestAll.suite());
```

TestCase 与 TestSuite 都实现了 Test 界面，其运行方式为 Command 模式的一个实例，而 TestSuite 可以组合数个 TestSuite 或 TestCase，这是 Composite 模式的一个实例。

12.6　Fail 和 Error

在运行 TestRunner 执行测试时，会发现有 Failure 与 Error 两种测试尚未通过的信息。

Failure 指的是预期的结果与实际运行单元的结果不同所导致，例如当使用 assertEquals() 或其他 assertXXX()方法断言失败时，就会传回 Failure，这时候用户需要检查单元方法中的逻辑设计是否有误。

Error 指的是用户程序没有考虑到的情况，在断言之前程序就因为某种错误引发异常而终止，例如在单元中存取某个阵列，因为存取超出索引而引发 ArrayIndexOutOfBoundsException，这会使得单元方法无法正确完成，在测试运行到 assertXXX()前就提前结束，这时候要检查单元方法中是否有未考虑到的情况而引发流程突然中断。

来看个实际的例子，如果设计了下面的测试案例：

```java
    ObjectArrayTest.java
package onlyfun.caterpillar.test;
import onlyfun.caterpillar.ObjectArray;
import junit.framework.TestCase;
public class ObjectArrayTest extends TestCase {
    public void testAdd() {
        ObjectArray objArr = new ObjectArray();
        Object testObj = new Object();
        Object obj = objArr.setObject(0,testObj);
        assertEquals(testObj,obj);
    }
    public static void main(String[] args)
{       junit.textui.TestRunner.run(ObjectArrayTest.class);
    }
}
```

然后根据这个测试案例，编写了 ObjectArray 类别：

```java
    ObjectArray.java
package onlyfun.caterpillar;
public class ObjectArray {
    private Object[] objs;
        public Object setObject(int i,Object o) {
        return objs[i];
    }
}
```

接下来运行 TestRunner，就会发现程序汇报了 Error：

```
.E
Time: 0
There was 1 error:
1) testAdd(onlyfun.caterpillar.test.ObjectArrayTest)
java.lang.NullPointerException
....
```

....

FAILURES!!!

Tests run: 1, Failures: 0, Errors: 1

仔细看一下所设计的 ObjectArray 类别，显然程序编写的太匆忙，忘了初始化 Object 数组，因而引发了 NullPointerException，这是程式设计上的错误，使得尚未进行断言之前就引发异常中断，所以修正一下 ObjectArray，提供一个构造函数，预设产生长度为 10 的数组：

```
ObjectArray.java
package onlyfun.caterpillar;
public class ObjectArray {
    private Object[] objs;
    public ObjectArray() {
        objs = new Object[10];
    }
    public Object setObject(int i,Object o) {
        return objs[i];
    }
}
```

再运行一次 TestRunner，这次 Error 没了，但是有 Failure：

.F

Time: 0

There was 1 failure:

1) testAdd(onlyfun.caterpillar.test.ObjectArrayTest)

junit.framework.AssertionFailedError:

expected:<java.lang.Object@10b30a7> but was:<null>

....

....

FAILURES!!!

Tests run: 1, Failures: 1, Errors: 0

这表示可以执行到 assertEquals()完毕，但是断言失败，所以再设计程序以消除 Failure：

```
    ObjectArray.java
package onlyfun.caterpillar;
public class ObjectArray {
    private Object[] objs;
    public ObjectArray() {
        objs = new Object[10];
    }
    public Object setObject(int i,Object o) {
        objs[i] = o;
        return objs[i];
```

```
    }
}
```

再次运行 TestRunner，这次应该可以通过测试了。

单元在执行时，使用 throws 声明会丢出某些异常，例如 IOException，用户希望可以在 testXXXX()中测试异常是否真的被丢出，可以使用 try…catch 来处理，下面的程序是个实例，假设 java.io.FileReader 是用户所设计的类别，用户提供一个测试档案 test.txt：

```java
FileReaderTest.java
package onlyfun.caterpillar.test;
import java.io.*;
import junit.framework.TestCase;
public class FileReaderTest extends TestCase {
public void testClose() throws IOException {
    FileReader reader = new FileReader("test.txt");
    reader.close();
    try {
        reader.read();
        fail("reading file after closed" +
            " and didn't throw IOException");
    }
    catch(IOException e) {
        assertTrue(true);
    }
}
public static void main(String[] args) {
    junit.textui.TestRunner.run(FileReaderTest.class);
}
}
```

用户所测试的是一个预期会丢出的异常，想要看看当错误的情况成立时，是不是真会丢出异常，例如 testClose()测试 FileReader 在 close()之后如果再 read()，是不是会如期丢出 IOException，在方法中用 try….catch 捕捉了这个异常，如果没有如期丢出异常，则不会被 catch 捕捉，而程序流程继续往下，执行到 fail()语句，这表示异常处理没有发生，此时主动丢出一个 Failure，表示程序的执行并不如用户所预期。

12.7   创建 TestCalculator 全过程

如下所示代码为 Calculator 类。

```java
public class Calculator    {
public double add(double number1,double number2)
```

```
{
  return number1 + number2;
}
}
```

下面展示一下所有这些 JUnit 核心类是如何协同工作的，就以如下代码所示的 TestCalculator 类为例。这是个非常简单的测试类，只有一个测试方法：

```
import junit.framework.TestCase;
public class TestCalculator extends TestCase
{
public void testAdd()
  {
    Calculator calculator = new Calculator();
    double result = calculator.add(10,50);
    assertEquals(60,result,0);
  }
}
```

当通过键入 java junit.swingui.TestRunner TestCalculator 来启动 JUnit test runner 的时候，JUnit 框架执行了如下动作：

（1）创建一个 TestSuite。

（2）创建一个 TestResult。

（3）执行测试方法（在这个例子中是 testAdd）。

12.7.1 节将用标准的 UML 序列图来表示这些步骤。

12.7.1　创建 TestSuite

在后面的 UML 图中，我们会提到 TestRunner 类。虽然没有 TestRunner 接口，但是所有的 JUnit test runner 都继承自 BaseTestRunner 类，都叫作 TestRunner。比如 Swing test runner 叫做 junit.swingui.TestRunner；文本 test runner 叫做 junit.textui.TestRunner。依此类推，把所有继承自 BaseTestRunner 的类都叫作 TestRunner。这意味着每当提到 TestRunner 的时候，可以用任何 JUnit test runner 来替换它。

TestRunner 一开始先寻找 TestCalculator 类中的 suite 方法。若找到了，那么 TestRunner 就会调用它（见图 12-9），这个 suite 方法会创建不同的 TestCase 类，并把它们加入 test suite。

因为 TestCalculator 类中没有 suite 方法，所以 TestRunner 创建了一个默认的 TestSuite 对象，如图 12-10 所示。图 12-9 和图 12-10 的主要区别在于，在图 12-10 中，TestCalculator 中的测试方法是通过 Java 的反射机制找出来的，而在图 12-9 中，suite 方法显式地定义了 TestCalculator 的测试方法。例如：

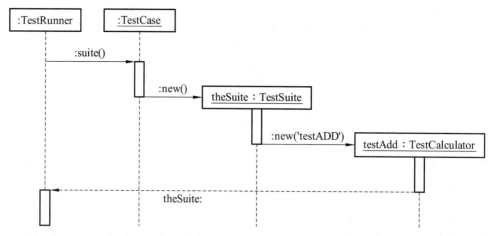

图 12-9 JUnit 创建了一个显式的 test suite（若 test case 中定义了 suite 方法的话）

```
public static Test suite()
{
 TestSuite suite = new TestSuite();
 suite.addTest(new TestCalculator("testAdd"));
 return suite;
}
```

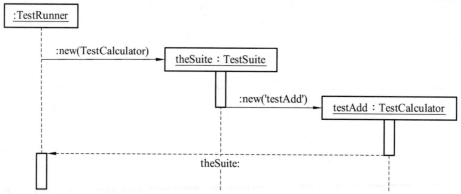

图 12-10 JUnit 自动创建了 test suite （若 test case 没有定义 suite 方法）

12.7.2 创建 TestResult

图 12-11 所示展示了 JUnit 创建包含测试结果（成功、失败或者出错）的 TestResult 对象的步骤。

步骤如下：

（1）在图中①处，TestRunner 实例化了一个 TestResult 对象，在测试顺序执行的时候，这个对象将用于存放测试结果。

（2）TestRunner 向 TestResult 注册，这样在执行测试的过程中 TestRunner 就可以收到各种事件②。这是 Observer 模式的典型例子。TestResult 会广播如下方法：

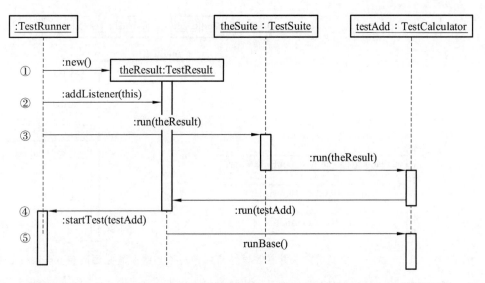

图 12-11　JUnit 创建了一个 TestResult 对象来收集测试结果（不管结果是好是坏）

测试开始（startTest；参见图 12-11 中的④）。

测试失败（addFailure；参见图 12-12）。

测试抛出了未被预期的异常（addError；参见图 12-12）。

测试结束（endTest；参见图 12-12）。

（3）直到知道了这些事件，TestRunner 就可以随着测试的进行而显示进度条，并且在出现了失败和错误的时候显示出来（而不必等到所有的测试都完成之后）。

（4）TestRunner 通过调用 TestSuite 的 run（TestResult）方法来开始测试③。

（5）TestSuite 为它拥有的每个 TestCase 实例调用 run（TestResult）方法。

（6）TestCase 使用传递给它的 TestResult 实例来调用其 run（Test）方法，并把自身作为参数传递给 run 方法，这样 TestResult 稍后就可以以用 runBare ⑤来回调它。JUnit 需要把控制权交给 TestResult 实例的理由是，这样 TestResult 就可以通知所有的 listener，测试已经开始了④。

12.7.3　执行测试方法

在 12.7.2 节中已经看到，对于 TestSuite 中的每个 TestCase，runBare 方法都会被调用一次。在这个 test case 中，因为 TestCalculator 只有一个 testAdd 测试，所以 runBare 只会被调用一次。

图 12-12 描绘了执行单个测试方法的步骤。步骤如下：

（1）在图中①处，runBare 方法顺序执行 setUp、testAdd 和 tearDown 方法。

（2）如果在执行这 3 个方法的过程中发生了任何失败或者错误，那么 TestResult 就会分别调用 addFailure ②和 addError ③来通知它的所有 listener。

（3）如果发生了任何错误，那么 TestRunner 会列出这些错误，否则进度条就是绿色的，从而让用户得知代码没有问题。

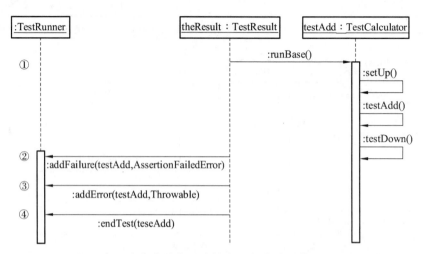

图 12-12　JUnit 执行一个测试方法并在测试结束后把失败和错误通知到所有 test listener

（4）当 tearDown 方法执行完毕后，测试就完成了。TestResult 会通过调用 endTest（testAdd）把这个结果通告给所有的 listener。

12.7.4　完整的 JUnit 生命周期

图 12-13 展示了前面几节所描述的完整的 JUnit 生命周期。

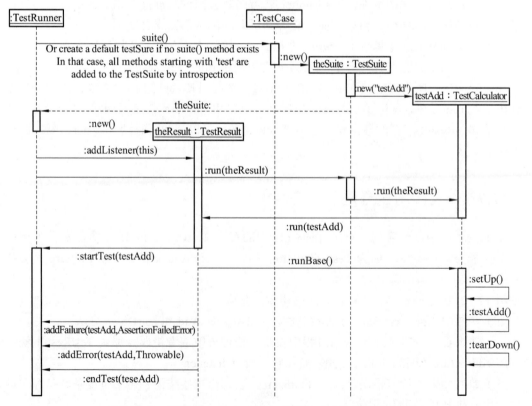

图 12-13　适用于 TestCalculator 类的 JUnit 完整生命周期

12.8　深入 JUnit 4

借助 Java 5 注释，JUnit 4 比从前更轻（量级），也更加灵活。JUnit 4 放弃了严格的命名规范和继承层次，转向了一些令人激动的新功能。JUnit 4 新功能的如下：

参数测试；

异常测试；

超时测试；

灵活固件；

忽略测试的简单方法；

对测试进行逻辑分组的新方法。

12.8.1　JUnit 4　初体验

首先新建一个 Java 工程——coolJUnit。现在需要做的是，打开项目 coolJUnit 的属性页→选择"Java Build Path"子选项→点选"Add Library…"按钮→在弹出的"Add Library"对话框中选择 JUnit（见图 12-14），点击"Next"按钮，并在下一页中选择版本 4.1 后点击"Finish"按钮。这样便把 JUnit 引入到当前项目库中了。

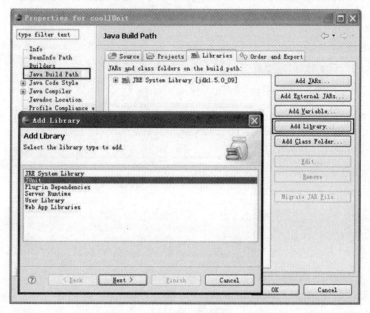

图 12-14　为项目添加 JUnit 库

因为单元测试代码是不会出现在最终产品中的，建议分别为单元测试代码与被测试代码创建单独的目录，并保证测试代码和被测试代码使用相同的包名。这样既保证了代码的分离，同时还保证了查找的方便。遵照这条原则，我们在项目 coolJUnit 根目录下添加一个新目录 testsrc，并把它加入项目源代码目录中（加入方式见图 12-15）。现在我们得到了一个 JUnit 的最佳实践：单元测试代码和被测试代码使用一样的包，不同的目录。

一切准备就绪后，就可以开始体验如何使用 JUnit 进行单元测试了。请参考下面的例子：工具类 WordDealUtil 中的静态方法 wordFormat4DB 是专用于处理 Java 对象名称向数据库表名转换的方法（可以在代码注释中可以得到更多详细的内容）。下面是第一次编码完成后大致情形：

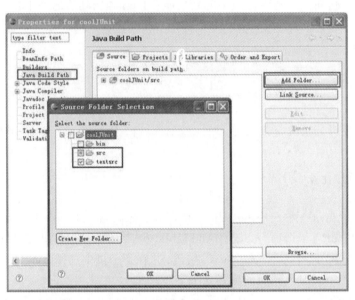

图 12-15　修改项目源代码目录

```
package com.ai92.cooljunit;
import java.util.regex.Matcher;
import java.util.regex.Pattern;
/**
 * 对名称、地址等字符串格式的内容进行格式检查
 * 或者格式化的工具类
 *
 * @author Ai92
 */
public class WordDealUtil {
    /**
     * 将 Java 对象名称(每个单词的头字母大写)按照
     * 数据库命名的习惯进行格式化
     * 格式化后的数据为小写字母，并且使用下划线分割命名单词
     * 例如：employeeInfo 经过格式化之后变为 employee_info
     *   @param name Java 对象名称
     */
    public static String wordFormat4DB(String name){
        Pattern p = Pattern.compile("[A-Z]");
```

```
        Matcher m = p.matcher(name);
        StringBuffer sb = new StringBuffer();
        while(m.find()){
            m.appendReplacement(sb,"_"+m.group());
        }
        return m.appendTail(sb).toString().toLowerCase();
    }
}
```

它是否能按照预期的效果执行呢？尝试为它编写 JUnit 单元测试代码如下：

```
package com.ai92.cooljunit;

import static org.junit.Assert.assertEquals;
import org.junit.Test;
public class TestWordDealUtil {
    //测试 wordFormat4DB 正常运行的情况
    @Test public void wordFormat4DBNormal(){
        String target = "employeeInfo";
        String result = WordDealUtil.wordFormat4DB(target);
        assertEquals("employee_info",result);
    }
}
```

测试类 TestWordDealUtil 之所以使用"Test"开头，完全是为了更好地区分测试类与被测试类。测试方法 wordFormat4DBNormal 调用执行被测试方法 WordDealUtil.wordFormat4DB，以判断运行结果是否达到设计预期的效果。需要注意地是，测试方法 wordFormat4DBNormal 需要按照一定的规范书写：

测试方法必须使用注解 org.junit.Test 修饰；

测试方法必须使用 public void 修饰，而且不能带有任何参数。

测试方法中要处理的字符串为"employeeInfo"，按照设计目的，处理后的结果应该为"employee_info"。assertEquals 是由 JUnit 提供的一系列判断测试结果是否正确的静态断言方法（位于类 org.junit.Assert 中）之一，我们使用它将执行结果 result 和预期值"employee_info"进行比较，来判断测试是否成功。最后看看运行结果，在测试类上点击右键，在弹出菜单中选择 Run As JUnit Test。运行结果如图 12-16 所示。绿色的进度条提示我们，测试运行通过了。但现在就宣布代码通过了单元测试还为时过早，应该记住：单元测试代码不是用来证明所测方法是对的，而是为了证明其没有错误。因此单元测试的范围要全面，比如对边界值、正常值、错误值的测试等；对代

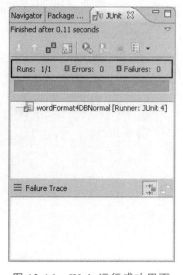

图 12-16　JUnit 运行成功界面

码可能出现的问题要全面预测，而这也正是需求分析、详细设计环节中要考虑的。

显然，我们的测试才刚刚开始，继续补充一些对特殊情况的测试：

```java
public class TestWordDealUtil {
    ......
    //测试 null 时的处理情况
    @Test public void wordFormat4DBNull(){
        String target = null;
        String result = WordDealUtil.wordFormat4DB(target);

        assertNull(result);
    }

    //测试空字符串的处理情况
    @Test public void wordFormat4DBEmpty(){
        String target = "";
        String result = WordDealUtil.wordFormat4DB(target);

        assertEquals("",result);
    }

    //测试当首字母大写时的情况
    @Test public void wordFormat4DBegin(){
        String target = "EmployeeInfo";
        String result = WordDealUtil.wordFormat4DB(target);

        assertEquals("employee_info",result);
    }

    //测试当尾字母为大写时的情况
    @Test public void wordFormat4DBEnd(){
        String target = "employeeInfoA";
        String result = WordDealUtil.wordFormat4DB(target);

        assertEquals("employee_info_a",result);
    }

    //测试多个相连字母大写时的情况
    @Test public void wordFormat4DBTogether(){
        String target = "employeeAInfo";
```

```
            String result = WordDealUtil.wordFormat4DB(target);

            assertEquals("employee_a_info",result);
        }
}
```

再次运行测试。很遗憾，JUnit 运行界面提示有两个测试情况未通过测试：当首字母大写时得到的处理结果与预期的有偏差，造成测试失败（Failure）；而当测试对 null 的处理结果时，则直接抛出了异常——测试错误（Error）。显然，被测试代码中并没有对首字母大写和 null 这两种特殊情况进行处理，修改如下：

```
//修改后的方法 wordFormat4DB
/**
    * 将 Java 对象名称（每个单词的头字母大写）按照
    * 数据库命名的习惯进行格式化
    * 格式化后的数据为小写字母，并且使用下划线分割命名单词
    * 如果参数 name 为 null，则返回 null
    *
    * 例如：employeeInfo 经过格式化之后变为  employee_info
    *
    * @param name Java 对象名称
    */
public static String wordFormat4DB(String name){

        if(name == null){
            return null;
        }

        Pattern p = Pattern.compile("[A-Z]");
        Matcher m = p.matcher(name);
        StringBuffer sb = new StringBuffer();

        while(m.find()){
            if(m.start() != 0)
                m.appendReplacement(sb,("_"+m.group()).toLowerCase());
        }
        return m.appendTail(sb).toString().toLowerCase();
    }
```

JUnit 将测试失败的情况分为两种：Failure 和 Error。Failure 一般由单元测试使用的断言方法判断失败引起，它表示在测试点发现了问题；而 Error 则是由代码异常引起，这是测试目的之外的发现，它可能产生于测试代码本身的错误（测试代码也是代码，同样无法保证完

全没有缺陷），也可能是被测试代码中的一个隐藏的 Bug。

再次运行测试，通过对 WordDealUtil.wordFormat4DB 比较全面的单元测试，现在的代码已经比较稳定，可以作为 API 的一部分提供给其他模块使用了。不知不觉中我们已经使用 JUnit 较完整地完成了一次单元测试。可以体会到 JUnit 是多么轻量级，多么简单，根本不需要花心思去研究，这就可以把更多的注意力放在更有意义的事情上——编写完整全面的单元测试。

当然，JUnit 提供的功能决不仅仅如此简单，在接下来的内容中，还会看到 JUnit 中很多有用的特性，掌握它们对灵活的编写单元测试代码非常有帮助。

12.8.2　Fixture

何谓 Fixture？它是指在执行一个或者多个测试方法时需要的一系列公共资源或者数据，例如测试环境、测试数据等。在编写单元测试的过程中，您会发现在大 部分的测试方法在进行真正的测试之前都需要做大量的铺垫——为设计准备 Fixture 而忙碌。这些铺垫过程占据的代码往往比真正测试的代码多得多，而且这个比率随着测试的复杂程度的增加而递增。当多个测试方法都需要做同样的铺垫时，重复代 码的"坏味道"便在测试代码中弥漫开来。这股"坏味道"会"弄脏"用户的代码，还会因为疏忽造成错误，应该使用一些手段来根除它。

JUnit 专门提供了设置公共 Fixture 的方法，同一测试类中的所有测试方法都可以共用它来初始化 Fixture 和注销 Fixture。和编写 JUnit 测试方法一样，公共 Fixture 的设置也很简单，所需的工作如下：

（1）使用注解 org，junit.Before 修饰用于初始化 Fixture 的方法。

（2）使用注解 org.junit.After 修饰用于注销 Fixture 的方法。

（3）保证这两种方法都使用 public void 修饰，而且不能带有任何参数。

遵循上面的三条原则，编写出的代码结构如下：

```
//初始化 Fixture 方法
@Before public void init(){……}


//注销 Fixture 方法
@After public void destroy(){……}
```

这样，在每一个测试方法执行之前，JUnit 会保证 init 方法已经提前初始化测试环境，而当此测试方法执行完毕之后，JUnit 又会调用 destroy 方法注销测试环境。应注意的是每一个测试方法的执行都会触发对公共 Fixture 的设置，也就是说使用注解 Before 或者 After 修饰的公共 Fixture 设置方法是方法级别的（见图 12-17）。这样便可以保证各个独立的测试之间互不干扰，以免其他测试代码修改测试环境或者测试数据影响到其他测试代码的准确性。

可是，这种 Fixture 设置方式还是引来了批评，因为它效率低下，特别是在设置 Fixture 非常耗时的情况下（例如设置数据库链接）。而且对于不会发生变化的测试环境或者测试数据来说，是不会影响到测试方法的执行结果的，也就没有必要针对每一个 测试方法重新设置一次 Fixture。因此在 JUnit 4 中引入了类级别的 Fixture 设置方法，编写规范如下：

（1）使用注解 org，junit.BeforeClass 修饰用于初始化 Fixture 的方法。

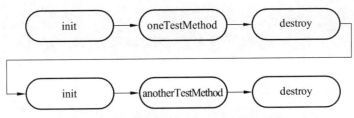

图 12-17　方法级别 Fixture 执行示意图

（2）使用注解 org.junit.AfterClass 修饰用于注销 Fixture 的方法。

（3）保证这两种方法都使用 public static void 修饰，而且不能带有任何参数。

类级别的 Fixture 仅会在测试类中所有测试方法执行之前执行初始化，并在全部测试方法测试完毕之后执行注销方法（见图 12-18）。代码范本如下：

```
//类级别 Fixture 初始化方法
@BeforeClass public static void dbInit(){……}

//类级别 Fixture 注销方法
@AfterClass public static void dbClose(){……}
```

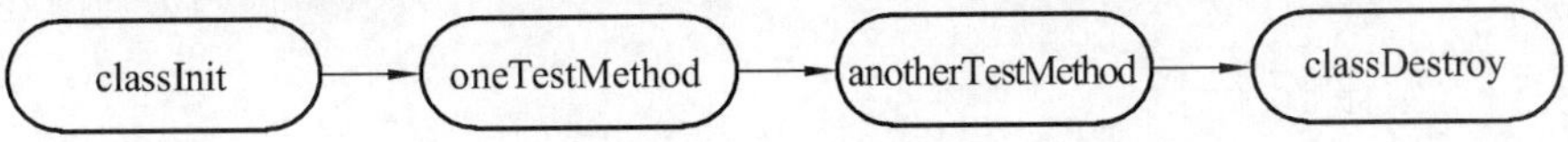

图 12-18　类级别 Fixture 执行示意图

12.8.3　异常以及时间测试

注解 org.junit.Test 中有两个非常有用的参数：expected 和 timeout。参数 expected 代表测试方法期望抛出指定的异常，如果运行测试并没有抛出这个异常，则 JUnit 会认为这个测试没有通过。这为验证被测试方法在错误的情况下是否会抛出预定的异常提供了便利。举例来说，方法 supportDBChecker 用于检查用户使用的数据库版本是否在系统支持的范围之内，如果用户使用了不被支持的数据库版本，则会抛出运行时异常 UnsupportedDBVersionException。测试方法 supportDBChecker 在数据库版本不支持时是否会抛出指定异常的单元测试方法大体如下：

```
@Test(expected=UnsupportedDBVersionException.class)
        public void unsupportedDBCheck(){
                ……

}
```

注解 org.junit.Test 的另一个参数 timeout，指定被测试方法被允许运行的最长时间应该是多少，如果测试方法运行时间超过了指定的毫秒数（ms），则 JUnit 认为测试失败。这个参数对于性能测试有一定的帮助。例如，如果解析一份自定义的 XML 文档花费了多于 1 s 的时间，就需要重新考虑 XML 结构的设计，那单元测试方法可以这样来写：

```
@Test(timeout=1000)
        public void selfXMLReader(){
```

```
        ……
    }
```

12.8.4　忽略测试方法

JUnit 提供注解 org.junit.Ignore 用于暂时忽略某个测试方法，因为有时候由于测试环境受限，并不能保证每一个测试方法都能正确运行。例如下面的代码便表示由于没有了数据库链接，提示 JUnit 忽略测试方法 unsupportedDBCheck：

```
@ Ignore（"db is down"）
@Test(expected=UnsupportedDBVersionException.class)
        public void unsupportedDBCheck(){
            ……
    }
```

但是一定要小心，注解 org.junit.Ignore 只能用于暂时的忽略测试，如果需要永远忽略这些测试，一定要确认被测试代码不再需要这些测试方法，以免忽略必要的测试点。

12.8.5　测试运行器

JUnit 中所有的测试方法都是由测试运行器负责执行的。JUnit 为单元测试提供了默认的测试运行器，但 JUnit 并没有限制必须使用默认的运行器。相反，用户不仅可以定制自己的运行器（所有的运行器都继承自 org.junit.runner.Runner），而且还可以为每一个测试类指定使用某个具体的运行器。指定方法也很简单，使用注解 org.junit.runner.RunWith 在测试类上显式地声明要使用的运行器即可：

```
@RunWith（CustomTestRunner.class）
public class TestWordDealUtil {
……
    }
```

显而易见，如果测试类没有显式地声明使用哪一个测试运行器，JUnit 会启动默认的测试运行器执行测试类（比如上面提及的单元测试代码）。一般情况下，默认测试运行器可以应对绝大多数的单元测试要求；当使用 JUnit 提供的一些高级特性（例如即将介绍的两个特性）或者针对特殊需求定制 JUnit 测试方式时，显式的声明测试运行器就必不可少了。

12.8.6　测试套件

在实际项目中，随着项目进度的开展，单元测试类会越来越多，可是直到现在我们还只会一个一个的单独运行测试类，这在实际项目实践中肯定是不可行的。为了解决这个问题，JUnit 提供了一种批量运行测试类的方法，叫做测试套件。当每次需要验证系统功能正确性时，只执行一个或几个测试套件便可以完成。测试套件的写法非常简单，只需要遵循以下规则：

（1）创建一个空类作为测试套件的入口。

（2）使用注解 org.junit.runner.RunWith 和 org.junit.runners.Suite.SuiteClasses 修饰这个空类。

（3）将 org.junit.runners.Suite 作为参数传入注解 RunWith，以提示 JUnit 为此类使用套件运行器执行。

（4）将需要放入此测试套件的测试类组成数组作为注解 SuiteClasses 的参数。

（5）保证这个空类使用 public 修饰，而且存在公开的不带有任何参数的构造函数。

```
package com.ai92.cooljunit;

import org.junit.runner.RunWith;
import org.junit.runners.Suite;
…


/**
 *  批量测试  工具包  中测试类
 * @author Ai92
 */
@RunWith(Suite.class)
@Suite.SuiteClasses({TestWordDealUtil.class})
public class RunAllUtilTestsSuite {
}
```

上例代码中，我们将前文提到的测试类 TestWordDealUtil 放入了测试套件 RunAllUtilTestsSuite 中，在 Eclipse 中运行测试套件，可以看到测试类 TestWordDealUtil 被调用执行了。测试套件中不仅可以包含基本的测试类，而且可以包含其他的测试套件，这样可以很方便的分层管理不同模块的单元测试代码。但是，请一定要保证测试套件之间没有循环包含关系，否则将会出现无尽循环的情况。

12.8.7　参数化测试

回顾一下我们在 12.8.1 小节中举的实例。为了保证单元测试的严谨性，我们模拟了不同类型的字符串来测试方法的处理能力，为此我们编写大量的单元测试方法。可是这些测试方法都是大同小异：代码结构都是相同的，不同的仅仅是测试数据和期望值。有没有更好的方法将测试方法中相同的代码结构提取出来，提高代码的重用度，减少复制粘贴代码的烦恼呢？在以前的 JUnit 版本中，并没有好的解决方法，而现在可以使用 JUnit 提供的参数化测试方式应对这个问题。

参数化测试的编写稍微有点麻烦（当然这是相对于 JUnit 中其他特性而言）：

（1）为准备使用参数化测试的测试类指定特殊的运行器 org.junit.runners.Parameterized。

（2）为测试类声明几个变量，分别用于存放期望值和测试所用数据。

（3）为测试类声明一个使用注解 org.junit.runners.Parameterized.Parameters 修饰的，返回值为 java.util.Collection 的公共静态方法，并在此方法中初始化所有需要测试的参数对。

（4）为测试类声明一个带有参数的公共构造函数，并在其中为第（2）环节中声明的几个变量赋值。

（5）编写测试方法，使用定义的变量作为参数进行测试。

按照这个标准，重新改造了单元测试代码：

```
package com.ai92.cooljunit;
import static org.junit.Assert.assertEquals;
import java.util.Arrays;
import java.util.Collection;

import org.junit.Test;
import org.junit.runner.RunWith;
import org.junit.runners.Parameterized;
import org.junit.runners.Parameterized.Parameters;
@RunWith(Parameterized.class)
public class TestWordDealUtilWithParam {
        private String expected;
        private String target;

        @Parameters
        public static Collection words(){
                return Arrays.asList(new Object[][]{
                {"employee_info","employeeInfo"},    //测试一般的处理情况
                {null,null},                          //测试 null 时的处理情况
                {"",""},                              //测试空字符串时的处理情况
                {"employee_info","EmployeeInfo"},     //测试当首字母大写时的情况
                {"employee_info_a","employeeInfoA"},//测试当尾字母为大写时的情况
                {"employee_a_info","employeeAInfo"}//测试多个相连字母大写时的情况
                });
        }

        /**
        * 参数化测试必须的构造函数
        * @param expected      期望的测试结果,对应参数集中的第一个参数
        * @param target    测试数据,对应参数集中的第二个参数
        */
        public TestWordDealUtilWithParam(String expected ,String target){
            this.expected = expected;
```

```
            this.target = target;

    }


    /**
     * 测试将 Java 对象名称到数据库名称的转换
     */
    @Test public void wordFormat4DB(){
        assertEquals(expected,WordDealUtil.wordFormat4DB(target));

    }

}
```

很明显，代码"瘦身"了。在静态方法 words 中，使用了二维数组来构建测试所需要的参数列表，其中每个数组中元素的放置顺序并没有什么要求，只要和构造函数中的顺序保持一致就可以了。现在如果再增加一种测试情况，只需要在静态方法 words 中添加相应的数组即可，不再需要复制粘贴出一个新的方法出来。

第13章 JUnit 和类测试

13.1 类测试概念

类是所有面向对象程序的构造基石，所以针对类的测试就特别重要。类测试由类和测试体构成，通过运行测试体来验证类的实现和类描述是否一致，如果类的实现是正确的，那么表示该类的所有实例行为都是正确的。因此，被测试的类必须有正确而且完整的描述，也就是说这个类在设计阶段产生的所有要素都是正确而且完整的。

13.1.1 类测试的组成

代码检查是一种旧的测试方式，在面向对象的测试中将被淘汰，因为人为的检查方式存在着太多弊端，并且在以后的回归测试中，代码检查实在是一种可怕的"浪费资源"行为。为类构造可执行的测试程序是一种好的测试思想，可执行意味着在回归测试中，可以最大限度地使用已构造测试程序，节省宝贵的测试资源消耗。可执行的测试程序细分为测试用例（TestCase）和测试驱动（TestDrive），测试用例是静态的，测试用例中包含着一个或者多个需验证单元；测试驱动是动态的，它将一个或者多个测试用例运行起来，如图 13-1 所示。

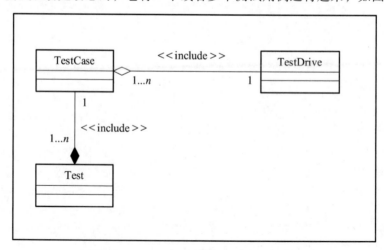

图 13-1　UML 描述类测试驱动的组成

一个测试驱动（TestDrive）可以由 1～n 个测试用例（TestCase）聚合而成，一个测试用例（TestCase）又由 1～n 个测试描述（Test）组合而成，这就是类测试的组成框架。在类测试中，确定类测试用例和类测试驱动程序是非常困难的，在某些情况下，构建某个类的测试驱动程序所耗损的工作时间是创建这个类的好几倍，所以在类测试中需要引入测试评估机制，以保证测试价值最高。

当确定了类的测试用例后，可以通过加载类的测试驱动来运行这些测试用例，并且统一给出运行测试用例后的结果（TestResult）。类是静态的，所以测试驱动内部创建了一个或者多个类的实例来运行这些测试用例，也可以这样说，我们是通过创建类的实例和测试类的实例行为来验证类的。

13.1.2　类测试和传统的单元测试

类测试和传统单元测试略有不同，这是由于类的构造和其实现方式的特殊性造成的，所以对类测试更为复杂。传统单元测试注重单元之间的接口测试，也就是说每个单元都有自己的输入输出接口，在调用中如果出现了严重错误，那么这些错误也是因为单元之间接口的实现引发的，和单元本身并没有什么直接关系，如图 13-2 所示。

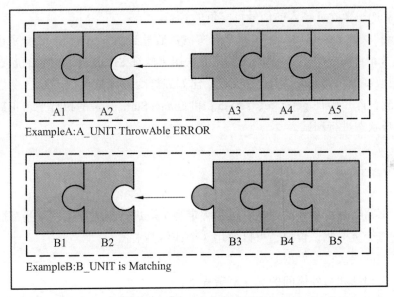

图 13-2　传统单元测试分析

而在面向对象的世界里，每一个类就是一组最小的交互单元，其内部封装了各种属性和消息传递方式。类被实例化后产生了对象，每个对象都有相对的生命周期和活动范围，在这个范围内，对象和对象本身、对象和对象之间都可以通过已经定义的消息传递方式进行交互，也就是说，类测试除了需要测试类中包含的类方法，还要测试类的状态，这是传统单元测试所没有的，如图 13-3 所示。

SignaLamp 是一个简单的信号灯类，它包含了一个 String 类型的私有属性 stat，用来存储信号灯的状态，3 个公共类方法分别是 getState()，setState()和 changeState()，类方法具体功能为：

getState()用来取信号灯当前状态；

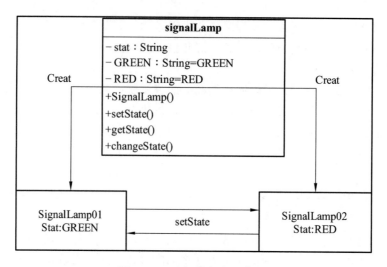

图 13-3　面向对象类的实例

setState()用来刷新信号灯的当前状态；

changeState()用来验证输入的信号灯实例的状态。

SignalLamp 类被实例化后产生了两个灯实例，通过实例方法 setState 分别设置两个灯为绿灯和红灯。SinalLamp 的 changeState 实例方法用来验证 SinalLamp 对象的状态，如果两者的状态相同则改变 SinalLamp 对象的状态，比如红灯变为绿灯，或者绿灯变为红灯。对于 SinalLamp 的测试除了验证 getState、setState 和 changeState 方法的执行是否正确外，还要对 SinalLamp 本身状态进行测试。

13.1.3　类的测试价值

是每个类都需要进行单独的测试，还是绑定多个类进行集成测试，这些都取决于类的测试价值。评估每个类的测试价值，可以使用 3 个评估要素：

类在系统中的层次；

类本身复杂程度和与外体间的交互复杂程度；

开发该类的测试程序所需的成本（时间、人力、其他资源）。

假如一个类在系统层次比较靠上，那么它的测试价值是高的，应忽略该类的测试程序开发成本，对它进行充分的测试。

如图 13-4 所示，图中包含了 3 个层面共 6 个类，它们之间的关系是：Class_D、Class_E 继承 Class_B，是 Class_B 的子类；Class_F 继承 Class_C，是 Class_C 的子类；Class_B、Class_C 继承 Class_A，是 Class_A 的子类。关于每个类的测试价值，我们可以使用这样的推导方式进行：图中的类分为 3 层，自上而下每层的层值分别为 3、2、1，每个类的权值为 1，这样图中每个类的测试价值如表 13-1 所示。

类在结构中的层次越高，其测试价值越高；类被继承的次数越多，其测试价值越高，当然这个类的执行风险就越大。

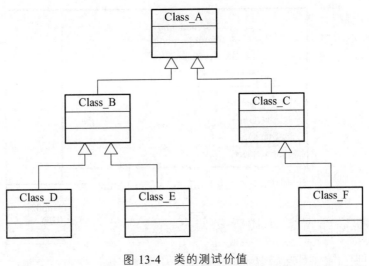

图 13-4　类的测试价值

表 13-1　类测试的换算过程

类	运算式	值
Class_A	Class_A(3)+Class_B(2)+Class_D(1)+Class_E(1)	7
Class_B	Class_B(2)+Class_D(1)+Class_E(1)	4
Class_C	Class_C(2)+Class_F(1)	3
Class_D	Class_D(1)	1
Class_E	Class_E(1)	1
Class_F	Class_F(1)	1

13.2　确定类测试用例

类测试用例的确定和构造取决于准确的类描述,而类描述可能包含类 UML 设计、类 CRC 卡片和类状态机等工件。在类测试中介入了两种工作角色（设计人员和实现人员），这样避免了实现人员在类实现期间因误解了类描述，而将错误带入测试用例中，造成测试不准确或者测试失效现象。如果类没有匹配的描述工件，请设计人员补上，虽然可以用"逆向工程"导出类描述，但是这样的类描述是欠缺的。本章的例子以 SignalLamp 类的测试为基础，图 13-5 显示了 SignalLamp 类图。

SignalLamp 类的私有属性_stat 用来存储 SignalLamp 实例的状态，setState()修改方法的设计，免去了每次实例状态发生变化都要新创建一个新的 SignalLamp 实例。ChangeState()方法用来判断其他的 SignalLamp 实例_stat 值，getState()用来获取 SignalLamp 实例的_stat 值。

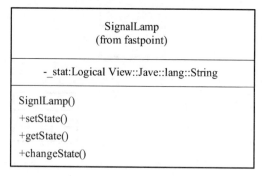

图 13-5　使用 UML 表述 SignalLamp 类

13.2.1　根据前置条件和后置状态确定测试用例

测试用例根据前置条件和后置状态来确定，其具体实现形式为各个测试方法体，并且在前置条件中可指定输入值（包括常见值和边界值）来增加测试用例的测试覆盖率，每一个测试用例都可以包含特殊的前置条件（即错误前置条件）来观察测试用例失败后的异常处理机制是否正确。根据类描述得出测试用例的前置和后置条件，并且根据前置和后置条件的不同组合方式产生不同的测试用例具体测试方法体。

表 13-2 为 SignalLamp 实例前置条件和后置状态输出表描述，图 13-3 为前置条件对测试用例的影响。

表 13-2　SignalLamp 实例前置条件和后置状态输出表描述

测试等式	前置条件	后置状态
SignalLamp. SignalLamp()	true	getState()=SignalLamp.GREEN
SignalLamp. SignalLamp(stat)	Stat= SignalLamp.GREEN	getState()=SignalLamp.GREEN
SignalLamp. SignalLamp(stat)	Stat= SignalLamp.RED	getState()=SignalLamp.RED
SignalLamp. setState(stat)	Stat= signalLamp.GREEN	getState()=SignalLamp.GREEN
SignalLamp. setState(stat)	Stat= SignalLamp.RED	getState()=SignalLamp.RED
SignalLamp. getState(stat)	Stat= signalLamp.GREEN	getState()=SignalLamp.GREEN
SignalLamp. getState(stat)	Stat= SignalLamp.RED	getState()=SignalLamp.RED

SignalLamp.
changeStat (lamp)
	Lamp.getState()=
	SignalLamp.GREEN
		If Lamp.getState()=SignalLamp.GREEN then
		Lamp.setState()=SignalLamp.RED
		else
		Lamp.setState()=SignalLamp.GREEN

SignalLamp.
changeStat (lamp)
	Lamp.getState()=
	SignalLamp.RED
		If Lamp.getState()=SignalLamp.RED then
		Lamp.setState()=SignalLamp. GREEN
		else
		Lamp.setState()=SignalLamp. RED

表 13-3　前置条件对测试用例的影响

序号	逻辑表达	影响
01	True	True
02	False	False
03	MethodA()	True MethodA()
04		False Exception Fail
05	not MethodA()	False Exception Fail
06		True
07	MethodA() and MethodB()	True MethodA() and MethodB()
08		False Exception Fail not MethodA() and MethodB()
09		False Exception Fail MethodA() and not MethodB()
10		False Exception Fail not MethodA() and not MethodB()
11	MethodA() or MethodB()	True MethodA() and MethodB()
12		True MethodA() and MethodB()
13		True MethodA() or MethodB()
14		False Exception Fail not MethodA() or not MethodB()
15	MethodA() xor MethodB()	True MethodA() or not MethodB()
16		True not MethodA() or MethodB()
17		False Exception Fail MethodA() or　MethodB()
18		False Exception Fail not MethodA() and not MethodB()

19	If MethodA() then
	MethodB()
	else
	MethodC()
	end if
		True MethodA() or MethodB()

20		True not MethodA() and MethodC()
21		False Exception Fail MethodA() and not MethodB()
22		False Exception Fail Not MethodA() and not MethodC()

上表用于 SignalLamp 类测试用例的确定，例如 SignalLamp.setState（String stat）方法。

SignalLamp.setState（String stat）

前置条件：Stat=SignalLamp.RED

后置状态：getState()=SignalLamp.RED

在 SignalLamp.setState()方法中，[MethodA 前置条件]代表 Stat=SignalLamp.

RED，[MethodB 后置状态]代表 getState()=SignalLamp.RED，[MethodA 前置条件]和 [MethodB 后置状态]组合起来产生了测试用例。

(True,[MethodA] and [MethodB])

Stat=SignalLamp.RED and getState()=SignalLamp.RED

(False,not [MethodA] and [MethodB])

not (Stat=SignalLamp.RED) and getState()=SignalLamp.RED

(False,[MethodA]and not [MethodB])

Stat=SignalLamp.RED and not (getState()=SignalLamp.RED)

(False,not [MethodA] and not [MethodB])

not (Stat=SignalLamp.RED) and not (getState()=SignalLamp.RED)

因为第三条和第四条测试用例没有任何测试价值，所以删除第三个和第四个测试用例，保存第一个、第二个测试用例。测试用例的实现人员通过这两条逻辑表达式书写测试方法体，第一条属于正确功能测试，检查测试用例中的描述是否达到了用例设计要求；第二条属于异常抛出测试，检查当用例失败时程序是否会正确返回错误结果。

13.2.2 根据代码确定测试用例

类中描述了 4 种访问符，包括 Public，Protected，Private 和 Friendly，这里需要说明 Public 访问符后面的成员声明适用于所有人，任何人在任何地方都可以调用这些成员。Protected 表示该成员可以被同包中的不同成员调用。Private 关键字意味着其他类不能访问该类的任何一个成员，即使是同一个包中的类。Friendly 表示该修饰符后面的成员可以被相同目录中的成员所调用。正是因为这些访问符的限定，我们才能根据代码确定测试用例的规则：

（1）所有 Public 声明的方法都需要被测试（确定的）。

（2）Protected 和 Friendly 声明的方法有选择的被测试（模糊的）。

（3）所有 Private 声明的方法都被禁止测试（确定）。

有一个类 Class_H，定义如下：

```java
package example;
public class Class_H {
    public void A_Method() {
    }
    protected void B_Method() {
    }
    private void C_Method() {
    }
    void D_Method() {
    }
    public synchronized void E_Method() {
    }
    public synchronized void F_Method() {
```

```
        }
    }
```

针对 Class_H 的测试类，具体代码如下：

```java
package example;
import static org.junit.Assert.*;
import org.junit.After;
import org.junit.Before;
import org.junit.Test;
public class Class_HTest {
    @Before
    public void setUp() throws Exception {
    }
    @After
    public void tearDown() throws Exception {
    }
    @Test
    public void testA_Method() {
        fail("Not yet implemented");
    }
    @Test
    public void testB_Method() {
        fail("Not yet implemented");
    }
    @Test
    public void testD_Method() {
        fail("Not yet implemented");
    }
}
```

测试类 Class_Htest 中只包含了三组测试方法，确定 protected void B_Method()和 void D_Method()方法的测试用例则困难得多，假设这些方法在各自的访问范围内被多次调用，那么测试人员可以根据这个调用度来确定是否要为 protected 和 Friendly 声明的方法确定"一对一"的测试用例。

在被测试类 Class_H 中有两个 public 声明的 E_Method()和 F_Method()方法，我们没有给出对应的测试用例，这是因为这两个方法是被 synchronized 修饰的同步方法。声明为同步的方法说明在多线程环境中，E_Method()和 F_Method()实例方法访问共享数据时将被限制，如果要测试这两个方法，需要制作特殊的测试用例模拟多线程操作环境。

13.3 类测试代码实例

Lamp 类是一个接口类，定义了所有灯实体的最高抽象描述，它拥有的两个接口方法 setState()和 getState()方法。SignalLamp 是一个简单的信号灯类，并且该类在无参数构造 时会产生一个 GREEN SignalLamp 实例，它实现了 Lamp 接口。类图如图 13-6 所示，代 码如下：

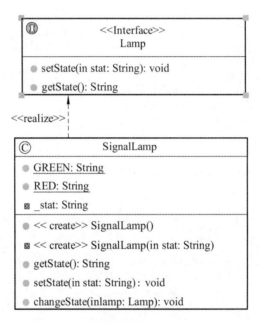

图 13-6 类图

Lamp 接口类代码如下：

```java
package unit5;
public interface Lamp {
    public void setState(String stat);
    public String getState();
}
```

SignalLamp 代码如下：

```java
package unit5;

public class SignalLamp implements Lamp {
    // 定义 Lamp 状态 GREEN 和 RED
    public static final String GREEN = "GREEN";
    public static final String RED = "RED";
    private String _stat;
    public SignalLamp() {
```

```
            this(GREEN);
        }

    public     SignalLamp(String stat) {
        // TODO Auto-generated method stub
        _stat = stat;
    }
    public String getState() {
        // TODO Auto-generated method stub
        return _stat;
    }
    public void setState(String stat) {
        // TODO Auto-generated method stub
        _stat = stat;
    }
    // 改变输入 SignalLamp 实例状态
    public void changeState(Lamp lamp) {
        if (this.getState().equals(lamp.getState())) {
            if (lamp.getState().equals(RED)) {
                lamp.setState(GREEN);

            } else if (lamp.getState().equals(GREEN)) {
                lamp.setState(RED);
            }
        }
    }
}
```

1. 类测试计划

类测试计划如表 13-4 所示。

表 13-4　类测试计划

类名称	SignalLamp	跟踪号	CF_SL02100800001
实现者	Fastpoint	测试者	Fastpoint
类描述	SignalLamp 实现简单信号灯功能		
类层次	SignalLamp 实现了 Lamp 接口类		
风险分析	无		

确定测试用例策略	《根据用例方法》和《根据前置条件和后置状态》命名测试用例			
测试用例说明	对 SignalLamp 的所有实例方法（包括 SignalLamp 的构造方法）进行测试			
交互测试	执行针对 changeState() 实例方法的测试用例			
构造测试	执行针对 SignalLamp() 构造方法的测试用例			
功能测试	无			
描　述	输　入		输　出	
	前　置	事　件	结　果	异　常
测试 SignalLamp 构造	none	new SignalLamp()	NewObject().getState== SignalLamp.GREEN	none
测试 SignalLamp 构造	none	new SignalLamp (SignalLamp.GREEN)	NewObject().getState== SignalLamp.GREEN	none
测试 testSetState()	NewObject():State== SignalLamp.RED	NewObject().setState (SignalLamp.RED)	NewObject().getState== SignalLamp.RED	none
测试 testGetState()	NewObject():State== SignalLamp.GREEN	NewObject().setState (SignalLamp.GREEN)	NewObject().getState== SignalLamp.GREEN	none
测试 testChangeStat()	NewObject():State== SignalLamp.GREEN NewObject():State== SignalLamp.RED	SL01=NewObject (SignalLamp.RED) SL02=NewObject (SignalLamp.RED) SL01.changeStat(SL02)	SL01.getState== SignalLamp.RED SL02.getState== SignalLamp.GREEN	none

注：详细测试用例列表中，灰格代表不在具体代码中实现。

2. 测试程序

```
package unit5;
import static org.junit.Assert.*;
import org.junit.After;
import org.junit.Before;
import org.junit.Test;

public class SignalLampTest {
    private SignalLamp signallamp01;
    private SignalLamp signallamp02;

    @Before
    public void setUp() throws Exception {
        signallamp01=new SignalLamp(SignalLamp.RED);
        signallamp02=new SignalLamp(SignalLamp.RED);
    }

    @After
```

```
public void tearDown() throws Exception {
}


@Test
public void testSignalLamp() {
    assertEquals(signallamp01.getState(),SignalLamp.RED);


}


@Test
public void testChangeState() {
    signallamp01.changeState(signallamp02);
    assertFalse(signallamp01.getState().equalsIgnoreCase(signallamp02.getState()));
}


}
```

13.4　JUnit 测试的延伸

13.4.1　继承类测试

继承是接口和代码复用的有效机制，也是面向对象语言的一大特色。如何对集成层次结构中的类进行有效的可执行测试，是一件非常重要的事。在 13.3 节中介绍了 SignalLamp 类和其测试类，由于集成机制的存在，我们可以做出大胆的假设，所有为某个类确定的测试用例集合对该类的子类也是有效的。父类中被测试用例所测试的代码被子类继承，只要父类代码没有被子类"覆盖"，那么这些测试用例是无须重新创建的。类的创建是自上而下的，同样构建测试类也采用自上而下的方法。图 13-7 所示说明了这种自上而下的类构建形式。

根据类 Class_B 和 Class_A 的区别，类 Class_C 和 Class_B 的区别，类 Class_C 和类 Class_A 的区别来确定继承的测试用例中是否需要产生新的子类测试用例，哪些测试用例适用于测试子类，哪些测试用例在测试子类中不必执行，如表 13-5 所示。

表 13-5　子类测试用例增补表

类	继承类	类方法	是否改变	是否增加测试用例
Class_A		opname1()		
		opname2()		
Class_B	Class_A	opname1()	False	False
		opname2()	False	False
		opname3()	True	True
Class_C	Class_B	opname1()	False	False
		opname2()	True	True
		opname3()	True	True

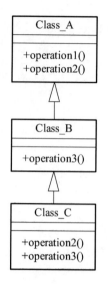

图 13-7　类之间的继承形式

因此，总结出的新的测试用例增补原则：如果子类添加了一个或者多个新的操作，就需要增加相对应的测试用例。如果子类方法覆盖了父类的方法并且重写了方法的实现，就需要增加相对应的测试用例。

图 13-8 说明了新的类测试结构，Class_A_TestCase 类有两个测试用例，testOpname1()和 testOpname2()，因为是基类，所以需要被百分百的测试。Class_B_TestCase 类有一个测试用例 testOpname3()，并且继承了 Class_A_TestCase 类，该测试用例对应新增的 opname3()实例方法，Class_B_TestCase 类可以对 Class_A_TestCase 类的测试方法回归。Class_C_TestCase 类有两个测试用例 testOpname2()和 testOpname3()，分别对应两个覆盖了父类的 opname2()和 opname3()实例方法，Class_C_TestCase 类同样可以对 Class_A_TestCase 类和 Class_B_TestCase 类的测试方法回归。

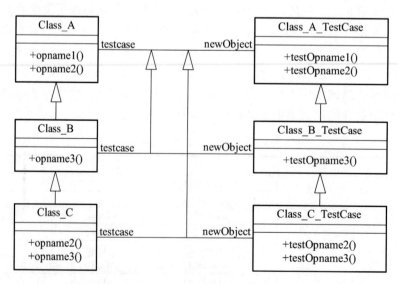

图 13-8　类测试用例的构建

13.4.2　接口类测试

接口的目的一般是让这个接口的所有实现都具备某个共同的行为。这个行为不仅目前实现的类应具备，将来要实现的类也都必须具备。因此，就需要为这个接口编写一个通用的测试程序，这个测试程序不仅能测试当前已经实现的类的通用属性，而且可以不加修改应用于将来要实现的类。

写接口类时，应该首先引入一个抽象的测试类，该测试类的方法用于测试接口的共同行为；然后使用设计模式创建接口的对象，以完成测试程序。下面是详细步骤：

（1）选定测试程序要测试的已经具体实现的类。

（2）创建一个抽象的测试类，声明要验证的功能的测试方法。在具体的测试程序实现中继承这个测试类，并修改相应的实现方法。

（3）在接口的每一个具体实现中都运行该测试程序，但在每个实现中都只验证"接口范围内"的行为。

（4）在测试程序内，找到创建（接口）对象的代码，将该代码改成具体的、已经实现的类的创建方法，但记住将该对象声明为接口的对象，而不是具体实现的类的对象。重复这一过程，直至测试程序中没有已经实现的类的对象。

（5）声明要在测试中调用的抽象方法。

（6）现在，测试只涉及接口和一些抽象的测试方法，请将测试程序移入抽象的测试类。

（7）重复这一过程直至所有的测试都移入抽象的测试类。

（8）重复前面的全部过程，直至除了验证具体实现的特有方法的测试程序外，所有的测试代码都已完成。

下面通过测试 java.util.Iterator 接口来具体说明这种技巧。首先参考 ListIteratorTest 类代码，这是测试 java.util.Listiterator 接口的一个具体实现。

```java
package junit.cookbook.test;
import java.util.ArrayList;
import java.util.Iterator;
import java.util.List;
import java.util.NoSuchElementException;
import static org.junit.Assert.*;
import org.junit.After;
import org.junit.Before;
import org.junit.Test;
public class ListIteratorTest {
    private Iterator noMoreElementsIterator;
    protected abstract Iterator makeNoMoreElementsIterator();

    @Before
    public void setUp() throws Exception {
        List empty = new ArrayList();
```

```
            noMoreElementsIterator = empty.iterator();
    }
    @Test
    public void testHasNextNoMoreElements() {
        assertFalse(noMoreElementsIterator.hasNext());
    }
    @Test
    public void testNextNoMoreElements() {
        try {
            noMoreElementsIterator.next();
            fail("No exception with no elements remaining!");
        } catch (NoSuchElementException expected) {
        }
    }
    @Test
    public void testRemoveNoMoreElements() {
        try {
            noMoreElementsIterator.remove();
            fail("No exception with no elements remaining!");
        } catch (IllegalStateException expected) {
        }
    }
}
```

接着引入抽象的 IteratorTest 测试类，并将 ListIteratorTest 类的实现添加到 IteratorTest。结果如下：

```
package junit.cookbook.test;
import java.util.Iterator;
import java.util.NoSuchElementException;
import static org.junit.Assert.*;
import org.junit.After;
import org.junit.Before;
import org.junit.Test;
public abstract class IteratorTest {
    private Iterator noMoreElementsIterator;
    protected abstract Iterator makeNoMoreElementsIterator();
    @Before
    public void setUp() throws Exception {
        noMoreElementsIterator = makeNoMoreElementsIterator();
    }
```

```java
@Test
public void testHasNextNoMoreElements() {
    assertFalse(noMoreElementsIterator.hasNext());
}
@Test
public void testNextNoMoreElements() {
    try {
        noMoreElementsIterator.next();
        fail("No exception with no elements remaining!");
    } catch (NoSuchElementException expected) {
    }
}
@Test
public void testRemoveNoMoreElements() {
    try {
        noMoreElementsIterator.remove();
        fail("No exception with no elements remaining!");
    } catch (IllegalStateException expected) {
    }
}
}
```

只要实现了 makeNoMoreElementsIterator()方法，就可以将所有的测试移入 IteratorTest 类。只需要将这个方法封装到 ListIteratorTest 类中：

```java
package junit.cookbook.test;
import java.util.ArrayList;
import java.util.Iterator;
import java.util.List;
import org.junit.After;
import org.junit.Before;
import temp.IteratorTest;
public class ListIteratorTest extends IteratorTest {
    protected Iterator makeNoMoreElementsIterator() {
        List empty = new ArrayList();
        return empty.iterator();
    }
}
```

ListIteratorTest 继承了抽象类 IteratorTest，类中实现的创建方法返回一个 iterator 而不是一个空列表。类似地，如果以测试一个基于 Set 类的 iterator，应该创建一个继承 IteratorTest

的 SetIteratorTest 类，这个类的 makeNoMorelementsterator()方法也应该返回相应的 iterator 而不是一个空的 Set 对象。

这个抽象的 test case 能正常工作的原因是 JUnit 中的测试等级规定。一个 TestCase 类在继承其父类时将同时继承父类所有的测试。在上述例子中，ListIteratorTest 继承 IteratorTest，所以只要在 test runner 中运行 ListIteratorTest，IteratorTest 中的测试都将得到运行。

值得一提的是 Eric Armstrong 的观点，他是雅虎的 JUnit 社区常客："一个接口只定义语法，而不指定语义，虽然他们经常被实现。另一方面，一个相关的 test suite 可以指定语义。我们应该给每一个公用的接口配备一个 test suite"。当我们在框架中发布一个接口或者抽象类的时候，最好同时写一个相关的抽象的 test case，以验证框架在所有客户端中的最重要的期望值。

最后，如果有同时实现了多个接口的类，建议独立地测试每个接口的功能，而不要拘泥于"一个 test case 类测试一个类"的规定。

13.4.3　抽象类测试（一）

OOP（Object Oriented Programming，面向对象编程）的一个很好的机制是使用抽象类，抽象类是不能被实例化的，只能提供给派生类一个接口。设计人员通常使用抽象类来强迫实现人员从基类派生，这样可以确保新的类包含一些必须的功能。

在 JUnit 对抽象类的测试中再次引入工厂设计模式，其测试思想是：抽象类不能被实例化，所以使用具体类测试抽象类是不可以的。因此，构造抽象类的测试类必须也是抽象的。该类需要强制声明两种类型的抽象方法，第一类抽象方法即工厂方法，返回所有被测试抽象类的具体子类实例，第二类定义抽象方法返回所有被测试抽象类的具体子类行为期望值。请看下面代码，Commodity 类是一个商品抽象类，该类的抽象方法描述具体如下：

getCommodityName()：取商品名称；

changerName()：修改商品名称；

getCommodityPrice()：取商品价格；

changerPrice()：修改商品价格。

Commodity 类具体代码如下：

```java
package com.fastpiont;
public abstract class Commodity {
    public abstract String getCommodityName();              // 取得商品名称

    public abstract void changerName(String newName);       // 修改商品名称

    public abstract double getCommodityPrice();             // 取得商品价格

    public abstract void changerPrice(double newPrice);     // 修改商品价格
}
```

CommodityTestCase 是 Commodity 抽象类的测试类，同样该类被声明为抽象的。Commodity 抽象类包含了 getCommodity()工厂方法返回具体类实例，因为这才是真正的被测试对象。PrepareAndGetExpectedName()、PrepareAndGetExpectedPrice()、PrepareAndChangerExpectedName()、PrepareAndChangerExpectedPrice()四组方法分别返回具体类实例行为的期望值，即该实例行为的判断基准，具体代码如下：

```
package com.fastpiont;
import static org.junit.Assert.*;
import org.junit.After;
import org.junit.Before;
import org.junit.Test;

public abstract class CommodityTestCase {
    Commodity comm;

    public abstract Commodity getCommodity();// 工厂方法，返回具体商品类

    public abstract String prepareAndGetExpectedName();// 返回期望值

    public abstract double prepareAndGetExpectedPrice();

    public abstract String repareAndChangerExpectedName();// 返回更改期望值

    public abstract double prepareAndChangerExpectedPrice();

    @Before
    public void setUp() throws Exception {
        comm = getCommodity();
    }

    @After
    public void tearDown() throws Exception {
    }

    @Test
    public void testGetCommodityName() {
        String expected = prepareAndGetExpectedName();
        String received = getCommodity().getCommodityName();
        assertEquals(expected,received);
    }
```

```java
@Test
public void testChangerName() {
    comm.changerName(repareAndChangerExpectedName());
    assertEquals(repareAndChangerExpectedName(),comm.getCommodityName());
}

@Test
public void testGetCommodityPrice() {
    double expected = prepareAndGetExpectedPrice();
    double received = getCommodity().getCommodityPrice();
    assertEquals(expected,received);
}

@Test
public void testChangerPrice() {
    comm.changerPrice(prepareAndChangerExpectedPrice());
    assertEquals(prepareAndChangerExpectedPrice(),comm.getCommodityPrice());

}
}
```

现在根据抽象类测试思想构造一个集成了 Commodity 抽象类的具体商品子类 Commodity_Book，Commodity_Book 类的构造方法有两个传参，即根据传入的书籍名称值和书籍单价值生成一本书实例。Commodity_Book 类不鼓励直接修改书籍的属性，但是可以通过利用公共方法 changerName()和 changerPrice()来实现，具体代码如下：

```java
package com.fastpiont;
public class Commodity_Book extends Commodity {
    private String book_name;
    private double book_price;

    public Commodity_Book(String bookname,double bookprice) {
        book_name = bookname;
        book_price = bookprice;
    }

    public void changerName(String newName) {
        setBook_name(newName);
    }
```

```
    public void changerPrice(double newPrice) {
        setBook_price(newPrice);
    }

    public String getBook_name() {
        return book_name;
    }

    private void setBook_name(String book_name) {
        this.book_name = book_name;
    }

    public double getBook_price() {
        return book_price;
    }

    private void setBook_price(double book_price) {
        this.book_price = book_price;
    }

    @Override
    public String getCommodityName() {
        // TODO Auto-generated method stub
        return getBook_name();
    }

    @Override
    public double getCommodityPrice() {
        // TODO Auto-generated method stub
        return getBook_price();
    }
}
```

　　Commodity_BookTestCase 类继承了 CommodityTestCase 抽象类，整个类显得非常简单，包括工厂方法返回一个具体的 Commodity 实例和四个针对该实例的期望值设定，具体代码如下：

```
package com.fastpiont;

import static org.junit.Assert.*;

import org.junit.After;
```

```java
import org.junit.Before;
import org.junit.Ignore;
import org.junit.Test;

public abstract class Commodity_BookTestCase {
    Commodity comm;

    public abstract Commodity getCommodity();// 工厂方法,返回具体商品类

    public abstract String prepareAndGetExpectedName();// 返回期望值

    public abstract double prepareAndGetExpectedPrice();

    public abstract String repareAndChangerExpectedName();// 返回更改期望值

    public abstract double prepareAndChangerExpectedPrice();

    @Before
    public void setUp() throws Exception {
        comm = getCommodity();
    }

    @After
    public void tearDown() throws Exception {
    }

    @Test
    public void testGetCommodityName() {
        String expected = prepareAndGetExpectedName();
        String received = comm.getCommodityName();
        assertEquals(expected,received);
    }

    @Test
    public void testChangerName() {
        comm.changerName(repareAndChangerExpectedName());
        assertEquals(repareAndChangerExpectedName(),comm.getCommodityName());
    }

}
```

```
@Test
public void testGetCommodityPrice() {
    double expected = prepareAndGetExpectedPrice();
    double received = comm.getCommodityPrice();
    assertEquals(expected,received,0.001);
}

@Test
public void testChangerPrice() {
    comm.changerPrice(prepareAndChangerExpectedPrice());
    assertEquals(prepareAndChangerExpectedPrice(),
            comm.getCommodityPrice(),0.001);


}

}
```

这种针对抽象类的测试方法是 JUnit 推导者所主张的，好处在于该抽象类的所有具体子类都不用在测试抽象类中的所有抽象触发（抽象类中的具体方法除外，因为该方法可能被具体子类覆盖），符合 XP 测试的接口测试定义。

13.4.4　抽象类测试（二）

如果抽象类中包含了具体实现的方法，那么使用上面的抽象类测试方式就很勉强了，因为抽象类的具体方法有可能被继承该抽象类的具体子类所覆盖，导致测试偏差现象发生。对于这样的测试场景，可以引入静态类进行抽象类变相实例化测试，这里我们引入 Commodity 抽象类实现这种设计，该类属性，抽象方法和实例方法的具体描述如下：

commodity_name 属于 Commodity 类实例私有属性，用于记录 Commodity 类实例的 name 值；

commodity_price 属于 Commodity 类实例私有属性，用于记录 Commodity 类实例的 price 值；

getCommodity()：工厂方法，返回一个 Commodity 实例；

changerName()：改变 Commodity 实例名称；

changerPrice()：改变 Commodity 实例价格；

getCommodityName()：取得 Commodity 实例名称；

getCommodityPrice()：取得 Commodity 实例价格；

setCommodityName()：设置 Commodity 实例名称；

setCommodityPrice()：设置 Commodity 实例价格。

Commodity 抽象类具体代码如下：

```java
package com.fastpoint;

public abstract class Commodity {
    private String commodity_name;
    private double commodity_price;

    public abstract Commodity getCommodity();// 返回一个 Commodity 实例

    public void changerName(String newName) {
        setCommodity_name(newName);
    }

    public void changerPrice(double newPrice) {
        setCommodity_price(newPrice);
    }

    public String getCommodity_name() {
        return commodity_name;
    }

    protected void setCommodity_name(String commodity_name) {
        Commodity_name = commodity_name;
    }

    public double getCommodity_price() {
        return commodity_price;
    }

    protected void setCommodity_price(double commodity_price) {
        this.commodity_price = commodity_price;
    }

}
```

  Commodity 类是一个抽象的商品类，本身包含了工厂方法 getCommodity()来返回任何一个继承该类的具体子类实例，其余 6 个方法映射为该抽象商品类的具体业务操作。使用 JUnit 对 Commodity 类进行测试需要得到类的实例，但是该类属于抽象类无法实例化，这样就需要引入一个具体子类来继承 Commodity 类，然后使用 JUnit 对它进行测试，CommodityTestCase 测试驱动类具体代码入下：

```java
package com.fastpoint;

import static org.junit.Assert.*;
import org.junit.After;
import org.junit.Before;
import org.junit.Test;

public class CommodityTestCase {
    Commodity comm;

    static class Inner_Commodity extends Commodity {
        public Commodity getCommodity() {
            return new Inner_Commodity();
        }
    }

    @Before
    public void setUp() throws Exception {
        comm = new CommodityTest.Inner_Commodity().getCommodity();
    }

    @After
    public void tearDown() throws Exception {
    }

    @Test
    public void testChangerName() {
        comm.setCommodity_name("软件测试");
        assertEquals("软件测试",comm.getCommodity_name());
    }

    @Test
    public void testChangerPrice() {
        comm.setCommodity_price(30.5);
        assertEquals(30.5,comm.getCommodity_price(),0);
    }

    @Test
    public void testGetCommodity_name() {
```

```
        comm.changerName("面向对象测试");
        assertEquals("面向对象测试",comm.getCommodity_name());
    }


    @Test
    public void testGetCommodity_price() {
        comm.changerPrice(20.5);
        assertEquals(20.5,comm.getCommodity_price(),0);
    }
}
```

CommodityTestCase 类内部声明了一个静态类 Inner_Commodity，该类继承了 Commodity 类来实现其类具体行为，CommodityTestCase 类也是 Inner_Commodity 类的外围类。这样做的好处在于，每一个类都有对应的 TestCase 类，测试类层次清晰，便于管理和回归。

13.4.5　私有方法测试

很多人认为类的私有方法不用测试，理由是类私有方法只允许被本类访问，而其他类无权调用。事实上并非如此，来看一个范例程序，Commodity_Parent 是一个商品父类，定义了两个商品类基础属性：commodity_name，commodity_price 分别是商品的名称和价格。两组公共和两组受保护的实例方法分别是 getcommodity_name()，getcommodity_price，setcommodity_name()，setcommodity_price()，对应的功能是取商品名称、价格，设置商品名称、价格。具体代码如下：

```
package com.fastpoint.Private;

public class Commodity_Parent {
    private String commodity_name;
    private Double commodity_price;

    public Commodity_Parent(String name,Double price) {
        commodity_name = name;
        commodity_price = price;
    }

    public String getCommodity_name() {
        return commodity_name;
    }

    public void setCommodity_name(String commodity_name) {
        this.commodity_name = commodity_name;
```

```
    }

    public Double getCommodity_price() {
        return commodity_price;
    }

    public void setCommodity_price(Double commodity_price) {
        this.commodity_price = commodity_price;
    }
}
```

Commodity_Child 类继承了 Commodity_Parent 类，并且增加了一个新的类属性 Commodity_number，该属性用来记录具体商品类的计量数量。GetCommodityNumber()方法用来取得该类实例的商品数量，对应的 SetCommodityNumber()实例方法被声明为私有的，从这里可以看出设计者的意图，他不愿意别人使用该方法对商品数量做直接的修改，而是通过一个共有的 setData()方法实现更安全的商品数量操作，具体代码如下：

```
package com.fastpoint.Private;

public class Commodity_Child extends Commodity_Parent {
    private Integer Commodity_number;

    public Commodity_Child(String Commodity_name,double Commodity_price,
            Integer number) {
        super(Commodity_name,Commodity_price);
        Commodity_number = number;
    }

    public Integer getCommodity_number() {
        return Commodity_number;
    }

    private void setCommodity_number(Integer commodity_number) {
        Commodity_number = commodity_number;
    }

    public void setData(Integer commoditynumber) {
        if (isValidate()) {
            if (isCommodityNumber(commoditynumber)) {
                setCommodity_number(commoditynumber);
            } else {
```

```
                System.out.println("没有足够的商品数量!");
            }
        } else {
            System.out.println("没有足够权限!");
        }
    }


    public boolean isValidate() {
        //示例程序  简化部分代码
        return true;
    }
    public boolean isCommodityNumber(double d) {
        //示例程序  简化部分代码
        return true;
    }
}
```

可以利用 Java 的反射机制来实现访问类的私有方法或者属性。

使用 java.lang.Class 的相关方法,获得相关指定对象的 Field,然后调用 field.setAccessible（true）;绕过访问权限的检查,然后可以访问 Field 的值,当然也可以设置 Field 的值。

使用 java.lang.Class 的相关方法 , 获得相关指定对象的 Method , 然后调用 field. setAccessible（true）绕过访问权限的检查,最后执行该方法。

测试代码如下:

```
package com.fastpoint.testPrivate;

import static org.junit.Assert.*;

import java.lang.reflect.InvocationTargetException;
import java.lang.reflect.Method;

import org.junit.After;
import org.junit.Before;
import org.junit.Test;

public class Commodity_ChildTest {

    @Before
    public void setUp() throws Exception {
    }
```

```
@After
public void tearDown() throws Exception {
}

@Test
public void testSetCommodity_number() throws ClassNotFoundException,
        SecurityException,NoSuchMethodException,IllegalArgumentException,
        IllegalAccessException,InvocationTargetException,
        InstantiationException {
    Commodity_Child comm = new Commodity_Child();
    Class[] parameterTypes = new Class[1];// 这里你要调用的方法只有一个参数
    parameterTypes[0] = Integer.class;// 参数类型为 String[]
    Method method = comm.getClass().getDeclaredMethod(
            "setCommodity_number",Integer.class);// 要 调 用 的 方 法 是
SetCommodity_number
    Object[] args = new Object[1];
    method.setAccessible(true);// 允许处理私有方法
    method.invoke(comm,new Object[] { new Integer(15) });// 调用方法
    method.setAccessible(false);
    assertEquals(15,comm.getCommodity_number(),0);
}

}
```

上面代码演示了测试 Commodity_Child 类中的私有方法 setCommodity_number()，主要运用了 Java 的反射机制。

第 14 章 自动化测试工具 QuickTest Professional

QTP 是 QuickTest Professional 的简称，是一种自动测试工具。使用 QTP 的目的是用它来执行重复的手动测试，主要是用于回归测试和测试同一软件的新版本。因此在测试前要考虑好如何对应用程序进行测试，例如要测试哪些功能、操作步骤、输入数据和期望的输出数据等。

QTP 提供符合所有主要应用软件环境的功能测试和回归测试的自动化，并采用关键字驱动的理念简化测试用例的创建和维护，让用户可以直接录制屏幕上的操作流程，自动生成功能测试或者回归测试用例。专业的测试者也可以通过提供的内置脚本和调试环境来取得对测试和对象属性的完全控制。

14.1 QuickTest Professional 的安装

安装 QTP 9.2 需要首先满足一定的硬件要求：

（1）CPU：奔腾 3 以上处理器，推荐使用奔腾 4 以上的处理器。

（2）内存：最少 512 MB，推荐使用 1 GB 以上的内存。

（3）显卡：4 MB 以上内存的显卡，推荐使用 8 MB 以上的显卡。

QTP 9.2 支持以下测试环境：

（1）操作系统：支持 Windows 2000、Windows XP、Windows Server 2003、Windows Vista、Windows Server 2008。

（2）支持在虚拟机 VMWare 5.5、Citrix Meta Frame Presentation Server 4.0 中运行。

（3）浏览器：支持 IE 6.0 SP1、IE 7.0、IE8.0 Beta2，Mozilla FireFox 1.5、2.0、3.0，Netscape 8.x。

QTP 9.2 默认支持对以下类型的应用程序进行自动化测试：

（1）标准 Windows 应用程序，包括基于 Win32 API 和 MFC 的应用程序。

（2）Web 页面。

（3）ActiveX 控件。

（4）Visual Basic 应用程序。

以 Windows XP 为例介绍安装 QTP 9.2 的主要步骤。在获取到 QTP 9.2 的安装包后，就可以运行安装包进行安装，如图 14-1 所示。

QTP9.2 的安装需要.Net Framework 2.0 的支持，如果检测到系统中没有安装，则需要安装，如图 14-2 所示。

图 14-1 选择 QTP 安装程序

图 14-2 .Net Framework 2.0 的安装

点击"确定"后，进行许可协议的选择，选择"我接受该许可证协议中的条款"，如图 14-3 所示。

接下来需要根据需要选择许可类型，如果没有许可证号，只能选择"演示版"，只有 14 天的时间试用，如果已经购买产品有许可证号，则可以选择"单机版"或"并发"，如图 14-4 所示。

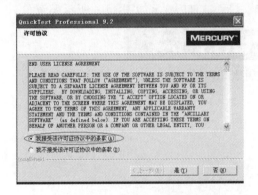

图 14-3 是否接受许可协议的选择

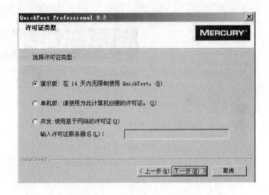

图 14-4 许可证类型选择对话框

后续的安装步骤几乎不需要特别的设置，只需要按照步骤进行则可完成 QTP 的安装，在这个过程中需要重新启动一次计算机。安装完 QTP 后，可以简要浏览 QTP 的自述文件，了解 QTP 的各项产品特性，或者直接启动 QTP 开始测试脚本的录制和编写。

14.2 测试流程

14.2.1 QTP 9.2 窗口

启动 QTP 后，系统将打开如图 14-5 所示的对话框。

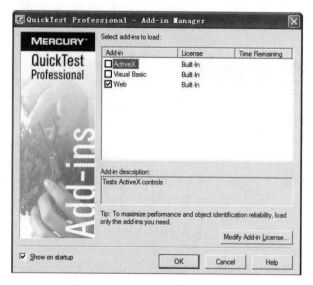

图 14-5　QTP 选择插件对话框

　　QTP 默认支持 ActiveX、Visual Basic 和 Web 插件，License 类型为"Built-In"。如果安装了其他类型的插件，也将在列表中列出来。QTP 自带的样例应用程序"Flight"是标准 Windows 程序，里面的部分控件类型为 ActiveX 控件，因此，在测试这个应用程序时，可以仅加载"ActiveX"插件。选择"OK"后，加载选择的插件后，QTP 显示如图 14-6 所示界面。

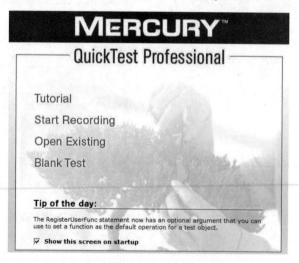

图 14-6　QTP 功能选择

　　其中：

　　"Tutorial"为联机帮助；

　　"Start Recording"为开始录制测试脚本；

　　"Open Existing"为打开一个原有的测试脚本；

　　"Blank Test"为新建一个空的测试脚本。

　　选择其中的"Blank Test"进入 QTP 的主界面，QTP 9.2 的主界面组成相对复杂，如图 14-7 所示。

　　QTP 主界面包含菜单栏、文件工具条、测试工具条、调试工具条等元素，还包含了 Data Table 窗口、测试脚本管理窗口以及 Active Screen 窗口。下面简要介绍每个元素及窗口的功能。

　　（1）菜单栏：包含了 QTP 所有的菜单命令项。

　　（2）文件工具条：在工具栏上包含了一系列按钮，名称如图 14-8 所示。

　　（3）测试工具条：包含了录制、运行脚本常用的按钮，如图 14-9 所示。

　　（4）调试工具条：包含了调试脚本时所用的按钮，如图 14-10 所示。

　　（5）测试脚本管理窗口，提供了两个可切换的视图，关键字视图和专家视图，分别通过图形化方式和 VBScript 脚本方式来管理测试脚本。

　　（6）Data Table 窗口，其实是一个 Excel 文件，用于提供自动化测试脚本所需要的输入数据和校验数据。

　　（7）Active Screen 窗口：是在录制脚本时生成的，它记录下 web 页面，用户可以在该窗口完成修改脚本的工作，如添加检查点。

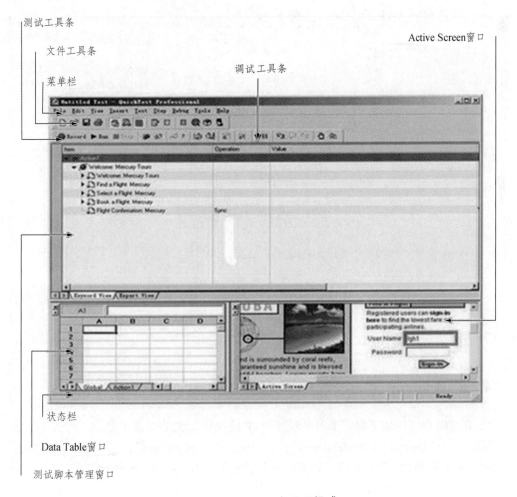

图 14-7　QTP 9.2 主界面组成

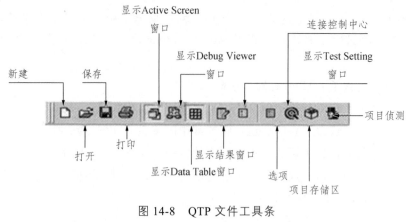

图 14-8　QTP 文件工具条

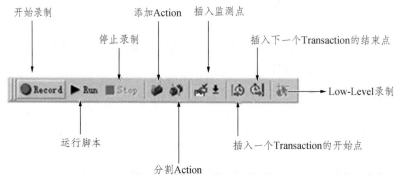

图 14-9　QTP 测试工具条

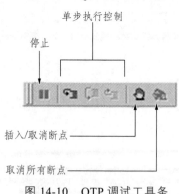

图 14-10　QTP 调试工具条

关于各种按钮的使用，在下面的操作中具体介绍。

14.2.2　Mercury Tours 示例网站

为了方便用户更好地了解、学习、掌握 QTP 的操作，QTP 自带了范例，点击"开始"→"所有程序"→"QuickTest Professional"→"Sample Applications"，可以看到两个案例。其中"Flight"是单机版的，用于管理民行系统的订票记录，具备新建、查询订单的功能。"Mercury Tours Web site"是 QTP 提供的一个基于 B/S 结构的小型网站系统。QTP 更适合用于 B/S 架构的测试，同时鉴于目前基于 B/S 架构的系统越来越多，因此在后面的章节中，我们将重点以

"Mercury Tours Web site"为例介绍 QTP 的基本操作，对于"Flight"这种 C/S 架构的操作将不做介绍，有兴趣的读者在学习完本章后可以自己去尝试。

14.2.3　QTP 测试的流程

1．录制测试脚本前的准备

在测试前需要确认要测试的应用程序及 QuickTest 是否符合测试需求，确认已经知道如何对应用程序进行测试，如要测试哪些功能、操作步骤、预期结果等。

2．录制测试脚本

操作应用程序或浏览网站时，QuickTest 会在关键字视图中以表格的方式显示录制的操作步骤。每一个操作步骤都是使用者在录制时的操作，如在网站上点击了链接，或者在文本框中输入的信息。

3．加强测试脚本

在测试脚本中加入检查点，可以检查网页的链接、对象属性或者字符串，以验证应用程序的功能是否正确。将录制的固定值以参数取代，使用多组的数据测试程序。使用逻辑或者条件判断式，可以进行更复杂的测试。

4．对测试脚本进行调试

修改过测试脚本后，需要对测试脚本作调试，以确保测试脚本能正常并且流畅的执行。

5．在新版应用程序或者网站上执行测试脚本

通过执行测试脚本，QuickTest 会在新版的网站或者应用程序上执行测试，检查应用程序的功能是否正确。

6．分析测试结果

分析测试结果，找出问题所在。

7．测试报告

如果已经安装了 TestDirector（Quality Center），则可以将发现的问题回报到 TestDirector（Quality Center）数据库中。TestDirector（Quality Center）是 Mercury 测试管理工具。

14.3　录制测试

14.3.1　准备录制测试

打开要对其进行测试的应用程序，并检查 QuickTest 中的各项设置是否符合当前的要求。同时也要检查一下 QuickTest 的设定，如 Test Settings 以及 Options 对话窗口，以确保 QuickTest 会正确地录制并储存信息，还要确认 QuickTest 以何种模式储存信息。我们以 QTP 提供的"Mercury Tours Web site"来介绍录制测试之前的准备，以及后面的操作过程。

（1）选择"IE 工具"→"Internet 选项"→"菜单命令"，在弹出的窗口中，选择"内容"标签页。

（2）在"个人信息"部分，单击"自动完成"按钮。弹出如图 14-11 的对话框。

（3）"Web 地址""表单""表单上的用户名和密码"均不选择，然后单击"清除表单"和"清除密码"按钮。

（4）打开 QTP，在"add in manager" 中选择"web"，取消其他的选择。

（5）打开功能选择页面，选择"Blank Test"，进入 QTP 主界面。

到现在为止，已经完成录制前的准备工作。接下来开始正式录制了。

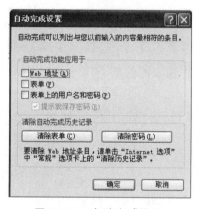

图 14-11　自动完成设置

14.3.2　录制测试

（1）点击工具条上的"Record"，打开"Record and Run Settings"对话框（见图 14-12），选择"Open the following address when a record or run session begins"单选按钮，添加 URL 地址：http://newtours.demoaut.com/，即"Mercury Tours Web site"的主页地址，并选择"Microsoft Internet Explorer"为浏览器类型，这样在录制的时候就能打开 IE 连接到服务器上。

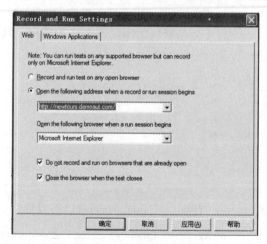

图 14-12　录制设置页面

点击选项卡"Windows Application"，进行如图 14-13 所示的选择。

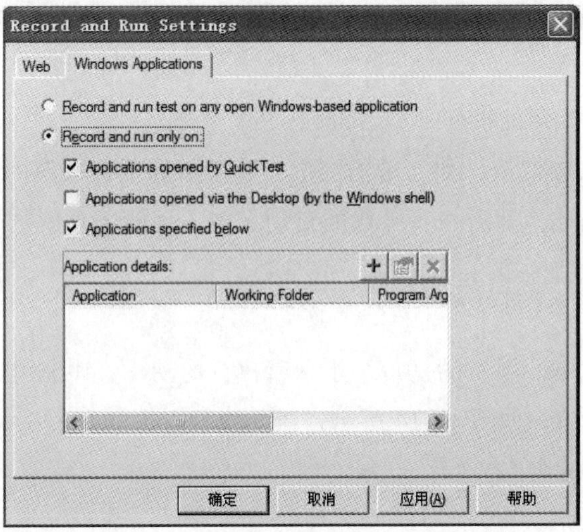

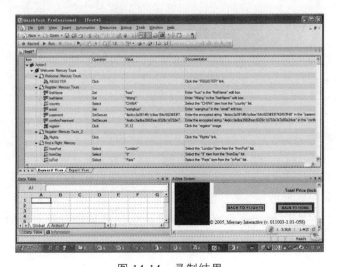

图 14-13　Windows Application 设置

说明：

如果选择"Record and run test on any open Windows_based application"单选按钮，则在录制过程中，QuickTest 会记录用户对所有的 Windows 程序所做的操作。

如果选择"Record and run only on"单选按钮，则在录制过程中，QuickTest 只会记录对那些添加到下面"Application details"列表框中的应用程序的操作（可以通过"Add""Edit""Delete"按钮来编辑这个列表）。

点击"确定"按钮，开始录制，IE 被打开，并连接到服务器上。

（2）开始录制。

进入 http://newtours.demoaut.com 主页面后，先注册一个账户，然后点击"Flight"完成机票的定制过程。录制结束时点击"Stop"，停止录制，则完成了录制过程。图 14-14 显示了录制结果。

图 14-14　录制结果

下面我们对其中的一部分内容进行说明。

Item：以基于图标的层次树形图显示每个步骤（测试对象、使用程序对象、函数调用或语句）的项。

Operation：在项上执行的操作，如 Select、Set 等。

Value：选定操作的参数值，如，单击图像时要使用的鼠标按钮。

Documentation：描述步骤所执行操作的自动文档，用易于理解的句子编写。

左下角的 Data Table 主要存放的是一些参数，在后面的学习过程将对这部分进行深入研究。

右下角的 Active Screen 展示的是每个步骤所执行的动作，其中用深色框部分突出显示的是当前步骤所点击的按钮，如图 14-14 所示，当前步骤点击的是"BACK TO HOME"按钮。

（3）保存录制完成的脚本。

14.4 运行并分析测试

录制脚本完成之后，可以运行脚本了。点击"run"，弹出图 14-15 所示的对话框，确定回放的结果保存在什么位置，系统将开始进行脚本回放。脚本回放的目的在于：通过脚本回放我们可以看到录制的脚本是否是按照当初设计的步骤执行的，并且能够判断脚本录制成功与否。

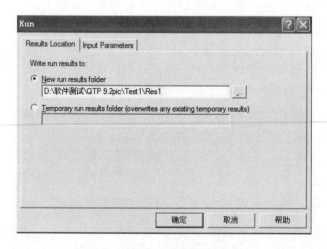

图 14-15　回放结果保存位置设置

QTP 在进行脚本回放的时候，会自动弹出 IE 窗口，在 IE 中会按照录制脚本的步骤逐一进行操作，可以通过 IE 窗口中的动作来观察脚本的录制是否和当初操作的一致。脚本回放完毕后，QTP 将自动开启测试结果窗口，如图 14-16 所示。

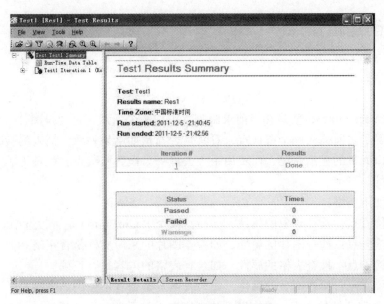

图 14-16　测试结果展示界面

　　测试结果窗口分为两个部分显示测试执行结果：

　　（1）Test Result Tree：以树状图的方式在窗体的左侧显示出测试脚本所执行的步骤，可以将树展开检查每一个步骤，所有的执行步骤都会以图示的方式表示。如果最后的测试结果为失败，可以通过 Test Result Tree 展开后快速查找到究竟是哪个步骤导致的失败，如图 14-17所示。

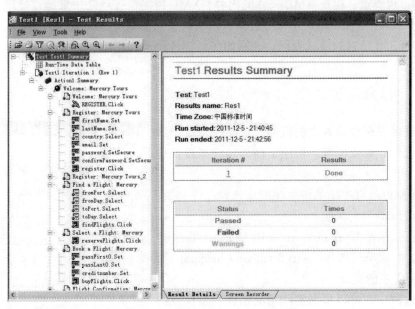

图 14-17　测试脚本展开显示页面

　　（2）测试结果的详细信息：窗体的右侧显示的是测试结果的详细信息，其中在第一个表格中会显示哪些反复（Iteration）是通过的，哪些反复是失败的；第二个表格显示的是脚本的检查点，哪些是通过的，哪些是失败的，以及有几个警告信息。

14.5　创建检查点

14.5.1　检查点类型

检查点（Checkpoint），就是在当前录制脚本中的某个元素（可能是图片，可能是网页，也可能是文字等）之前插入一个验证点，看其是否与预期结果一致。插入的检查点能自动跟踪某个关键窗口元素的显示情况，而不用手工去检查。设置检测点，就是为了实现测试验证自动化这个目的。

检查点有如下类型：

（1）标准检查点：检查对象的属性，如检查某个 RadioButton 是否被选中。

（2）图片检查点：检查图片的属性，如检查图片的来源文件是否正确。

（3）表格检查点：检查表格的属性，如检查表格的内容是否正确。

（4）网页检查点：检查网页的属性，如检查网页是否有不正确的链接。

（5）文字/文字区域检查点：检查网页或者窗口上显示的文字的属性，如检查订票后是否出现"订票成功"字样。

（6）图像检查点：检查图像的属性，如检查图像是否正确显示。

（7）数据库检查点：检查数据库的内容是否正确，如检查数据库查询的值是否正确。

（8）可访问性检查点（Accessibility Checkpoint）：对网站区域属性进行识别，以检查是否符合可访问性规则的要求。

（9）XML 检查点：检查 XML 文件的内容，XML 档案检查点是用来检查特定的 XML 档案；XML 应用程序检查点则是用来检查网页内所有使用的 XML 文件。

下面以 14.3 节录制的测试为例，介绍如何创建各种检查点。

14.5.2　检查对象

检查对象属于标准检查点的范畴，包括控件对象如文本框、单选钮、列表框等。按照下面的步骤来设置检查对象。

（1）在录制好的脚本的关键字视图里选择控件对象。如选择"firstName"文本框。

（2）插入标准检查点：在关键字视图里选择"firstName"，右键单击选择 Insert Standard Checkpoint"，弹出图 14-18 所示的页面。

在该对话框中，可以根据实际情况选择需要检查的属性，其值为 firstName，比如选 name 属性。那么在程序运行期间，QTP 会根据这个属性来检查该文本框的实际值和预期是否一致。

（3）检查点属性设置：可以根据需要在图 14-18 所

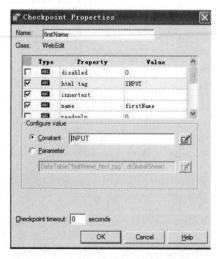

图 14-18　标准检查点属性设置

示页面设置检查点属性。

　　标准检查点插入后，可以在关键字视图和专家视图中查看，如图 14-19、14-20 所示。

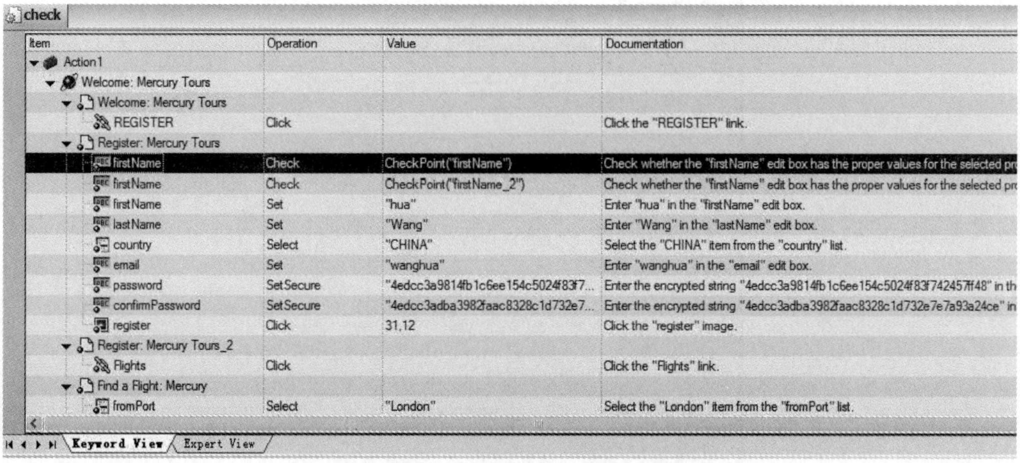

图 14-19　插入标准检查点后关键字视图

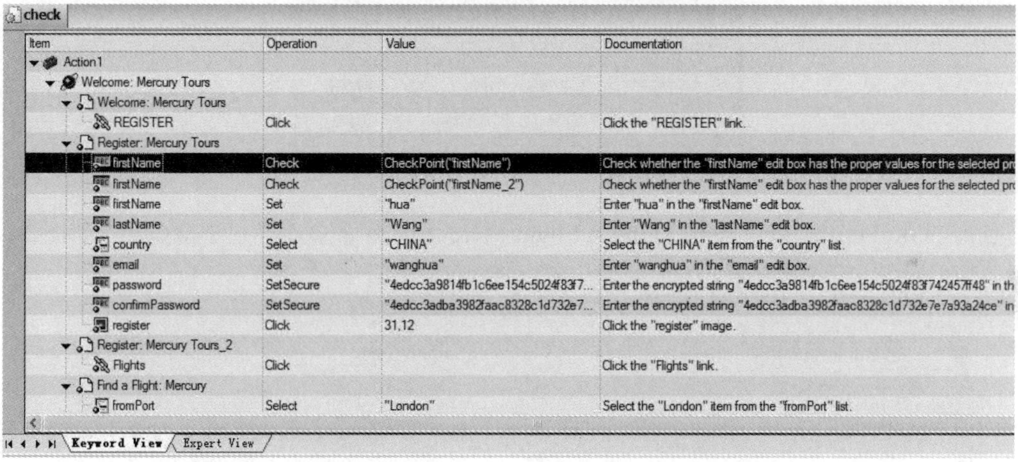

图 14-20　插入标准检查点后专家视图

14.5.3　检查网页

　　网页检查点会检查网页的链接以及图片的数量是否与当初录制时的数量一样。当执行测试时，QuickTest 会检查网页的链接与图片的数量以及加载的时间，还会检查每个 link 的 URL 以及每个图片的原始文件是否存在。

　　网页检查点的设置步骤如下：

　　（1）在录制好的脚本的关键字视图里选择页面。如选择"Find a Flight:Mercury"。

　　（2）在关键字视图里选择 "Find A Flight:Mercury"，右键单击选择"Insert Standard Checkpoint"。

　　（3）检查点属性设置：可以根据需要在图 14-21 所示页面设置检查点属性。

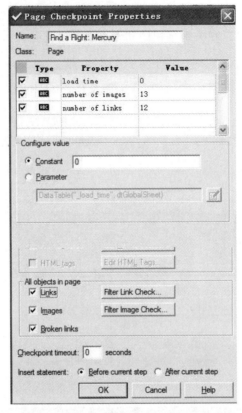

图 14-21　页面检查点属性设置

点击"OK"后，可以看到在"Find A Flight:Mercury"页面添加了一个检查点，如图 14-22 所示。

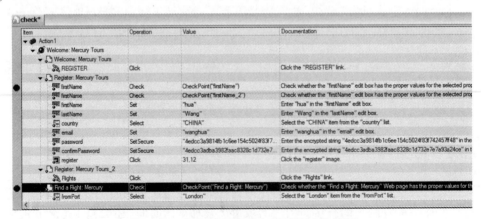

图 14-22　插入页面检查点后的关键字视图

14.5.4　检查文本

标准检查点可以检查窗口中的控件对象，那么对于没有存储到对象中的文字和图片，标准检查点是无法进行验证的。因此针对这一问题，QTP 引入了图片检查点和文字检查点。 文字检查点的作用就是检查应用程序窗体上或者 Web 网页上的文字信息是否和预期相符，其操作方法和标准检查点的方法类似，对于文字检查点的操作不再重复。下面以"Select a Flight"页面中的"depart"标题信息中的"London"作为文字检查点的示例，我们重点学习一下文字检查点的一些属性。当插入一个文字检查点后，系统将弹出如图 14-23 所示的文字检查点对话框。

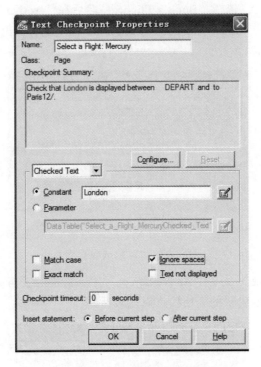

图 14-23　文字检查点属性设置

在图 14-23 所示的界面中，展示出文字检查点的属性如下：

Checked Text：检查被选择的文本。

Text Before：检查被选择文本之前的文本。

Text After：检查被选择文本之后的文本。

Constant：设置文字内容为一个具体的常量。

Parameter：设置文本内容为一个可变的参数。

Match Case：是否区分大小写。

Ignore spaces：是否忽略空格。

Exact match：精确匹配，如果不选中该项，那实际结果中如果包含预期结果的一部分也能通过。

Text not displayed：不显示的文字是否要检查。

Checkpoint timeout：QTP 在该检查点停留的最大时间，如果超过该事件，属性还和预期不符，则系统会报错。

Insert statement：插入检查点的位置，一般系统的默认值为插入当前步骤之前。

14.5.5 检查表格

表格检查点的作用是检查程序运行时某个表格是否和预期相符。和文字检查略不同的是，文字检查点只能检查一个词语，而表格检查点可以检查整个表格，不论表格中有多少个元素。以"Book a Flight"为例说明表格检查点的插入步骤。

（1）进入关键字视图，选择"Book a Flight"，然后在"Active Screen"中选择第一个航班，点击鼠标右键，选择"Insert Standard Checkpoint"，系统将弹出一个对话框，如图 14-24 所示。

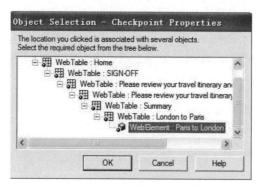

图 14-24　对象选择页面

（2）当选择 WebTable 时，在"Active Screen"中，对应的表格会以深色框凸显出来。点击"OK"后，弹出 14-25 所示的表格检查属性对话框。

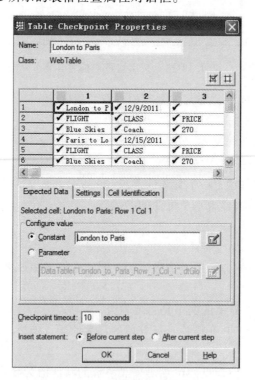

图 14-25　表格检查属性设置

系统默认是每个字段都会被勾选，表示所有字段都会做检查。当然也可以根据实际情况，勾选要做检查的字段。点击"OK"后，在关键字视图和专家视图都可以看到设置的表格检查。

14.5.6　使用检查点运行并分析测试

设置检查点后与没有设置检查点时运行步骤是一样的，但是在测试结果中会发现在设置检查点的地方，如果检查通过则结果显示"Passed"，没有设置检查点的之后显示"Done"。如对"Book a Flight"设置检查点后，运行后结果如图 14-26 所示。

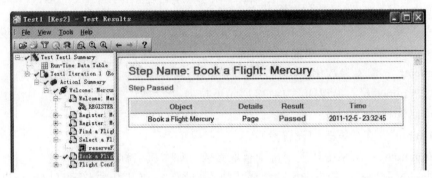

图 14-26　设置检查点处的运行结果

14.6　参数化测试

14.6.1　参数化测试的概念

在 QTP 中，可以通过把测试脚本中固定的值替换成参数的方式来扩展测试脚本，这个过程也叫参数化测试，能有效地提高测试的灵活性，是 QTP 的一个重要功能。例如对于 14.3 节录制的脚本，仅能检查特定的航班订票记录的正确性，如果希望测试脚本对多个航班订票记录的正确性都能检查，最直接的解决方法就是根据这些不同的数据录制多组脚本，但是这样无疑会加大工作量。通过引入参数化方法，可以只录制一组脚本，通过参数化建立多组测试数据，QTP 在执行测试脚本时，就会分别使用这些测试数据，进行多组测试。这样既达到了测试多组数据的目的，又减少了庞大的工作量。

14.6.2　参数化测试的步骤

下面以 14.3 节录制的测试为例，介绍参数化测试的步骤。在 14.3 节录制的测试脚本中，选择的是从"London"到"Paris"的机票，只测试一个出发点和一个终点，下面通过引入参数化，测试多个出发点的情况。步骤如下：

（1）打开录制好的测试脚本，进入关键字视图，将其展开，找到"Find a Flight"里的"fromPort"，选择其中的"Value"列，出现一个参数化图标，如图 14-27 所示。

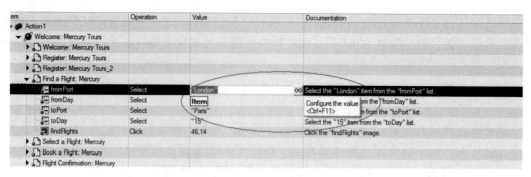

图 14-27 引入参数化页面

（2）点击参数化图标，系统弹出参数设置对话框，在该对话框中，其各属性说明如下：

"Constant"：输入为一个常量；

"Parameter"：输入参数化。

选择"Parameter"，出现如图 14-28 所示下拉列表。

参数可以选择：

"Data Table"：在数据表中设置参数；

"Environment"：从系统环境变量中获取参数，如主机名称等；

"Random Number"：系统产生一个随机数作为参数，随机数的范围可以进行设定；

Location in Data Table 表示选择参数的使用范围，其中"Global sheet"是指该参数适用于全局；"Current action sheet（local）"是指该参数仅适用当前的 Action。

这里选择" Data table"，即从数据表中设置参数，并设置"Name"为"p_fromp"，其余选择默认设置。这时在主界面的"Data Table"出现一列 p_fromp 的参数，第一个值是录制脚本时的选择"London"。

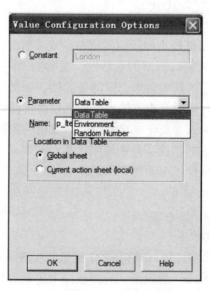

图 14-28 参数设置对话框

（3）输入数据，数据来自"Active Screen"中的"Depart From"下拉列表框，选择该列表框中的部分数据填在 p_fromp 列，如图 14-29 所示。

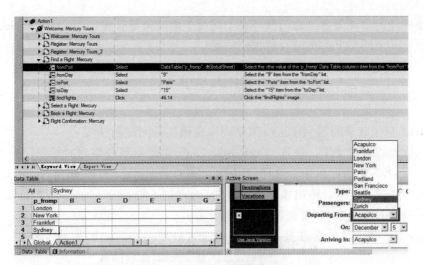

图 14-29　输入参数页面

（4）运行脚本，运行结果如图 14-30 所示。

从运行过程可以看出，录制脚本按照输入的参数运行了四次，在运行结果中也有体现，即"Iteration #"为"1、2、3、4"，即重复了四次。

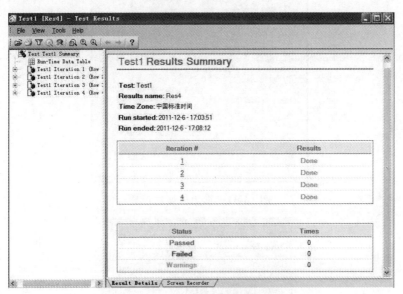

图 14-30　参数化测试结果

14.7　创建输出值

14.7.1　创建输出值

QuickTest 提供的输出数值功能主要用于在测试运行过程中从应用程序的界面上截取数值，而此数据还可以在测试脚本的后面阶段使用到。例如，可以通过输出值验证两个不同网页的航班是一样的。首先通过输出值将一个网页上的航班编号输出到 Data Table，然后用此输出值当成另一个网页上航班编号的预期结果。

14.7.2　使用输出值运行并分析测试

下面仍以 14.3 节录制的例子来介绍使用输出值进行测试的步骤。

（1）选取要输出的文字。选取 "Active Screen" 中的机票价格 "270"。

（2）在 "270" 处右键单击，选择 "Insert Text Output"，弹出如图 14-31 所示对话框。点击 "Modify" 按钮，可以对输出属性进行设置，如图 14-32 所示，在此将 "Name" 属性设置为 "depart_Flight_price"，其余采用默认设置。

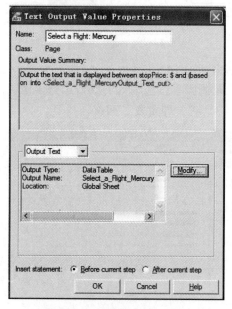

图 14-31　输出值属性设置

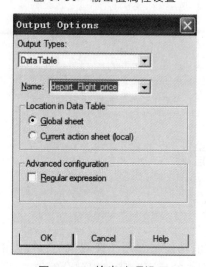

图 14-32　输出选项设置

（3）在订票页"Book a Flight:Mercury"的机票价钱"270"需要参数化，右键单击"Active Screen"中的机票价格"270"，选择"Insert Standard Checkpoint"，弹出对象选择对话框后，选择对象"Web Table: London to Paris"，点击"OK"，弹出如图 14-33 所示对话框。在对话框中选择对"270"进行参数化。

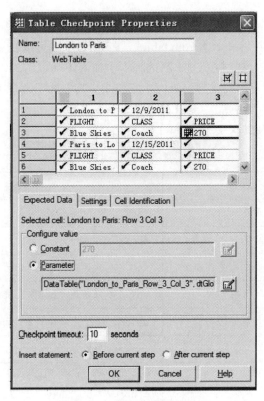

图 14-33　表格检查属性设置

（4）在"Data Table"的"London_to_Paris：Row_3_Col_3"列填入一些机票价格。

（5）运行脚本，得出测试结果。

（6）检验执行时期的数据。在测试结果窗口中，点击测试树上的"Run-Time Data Table"，可以在表格中看到测试执行时获取到的输出值，而且在"depart_Flight_price"字段中显示不同的机票价钱，如图 14-34 所示。

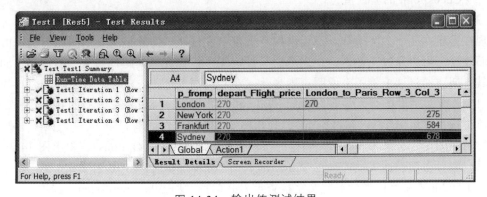

图 14-34　输出值测试结果

14.8　使用正则表达式

14.8.1　正则表达式语法

正则表达式，也叫作通配符，在计算机上搜索一个文件，或者编写一条 SQL 语句时，经常会用到正则表达式，如"select * from table"。在 QTP 中也可以使用正则表达式，用法与上面提到的正则表达式类似。通过在 QTP 测试脚本中加入正则表达式，可以使测试脚本更灵活，适应性更好。 一个正则表达式就是一个文本字符串，其中除了常规字符外，还包含了一些通配字符，比如*、^、[]、?、+等。

常用的正则表达式及其含义如表 14-1 所示。

表 14-1　常用正则表达式及其含义

符号	含义	例子
^	匹配字符串的开头	^abc　与"abc xyz"匹配，而不与"xyz abc"匹配
$	匹配字符串的结尾	abc$　与"xyz abc"匹配，而不与"abc xyz"匹配
*	匹配 0 个或多个前面的字符	ab*　可以匹配"ab""abb""abbb"等
+	匹配至少一个前面的字符	ab+　可以匹配"abb""abbb"等，但不匹配"ab"
?	匹配 0 个或 1 个前面的字符	ab?c?　可以且只能匹配"abc""abbc""abcc"和"abbcc"
.	匹配除换行符以外的任何字符	(.)+　匹配除换行符以外的所有字符串
x|y	匹配"x"或"y"	abc|xyz　可匹配"abc"或"xyz"，而"ab(c|x)yz"匹配"abcyz"和"abxyz"

14.8.2　使用正则表达式运行并分析测试

QTP 中在下列情况可以使用正则表达式：

（1）对象识别时的属性值；

（2）Checkpoint 的验证值；

（3）字符串查找时。

现在需建立一个文字检查点，用来检查飞机出发日期，而此日期会依照用户选取的航班不同而改变。可以通过正则表达式表示法，设定文字检查点检查此日期文字的格式，而不是检查其日期。通过这个例子来说明正则表达式在 QTP 中的使用。

（1）选择文字检查点，选择"Select a Flight"，在"Active Screen"选择日期"12/9/2011"，右键单击选择"Inset Text Checkpoint"，弹出图 14-35 所示对话框。

（2）在图 14-35 对话框里选择圈住的按钮"Constant Value Options"，弹出图 14-36 所示对话框，进行正则表达式设置。在 Value 字段，输入[0-1][0-9]/[0-3][0-9]/200[0-9]，设定 QTP 以 MM/DD/200Y 文字格式检查此文字检查点，并勾选"Regular expression"选项。

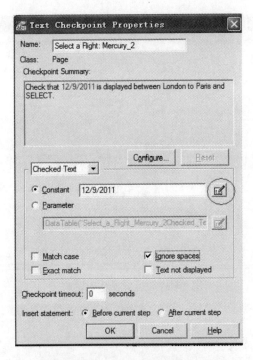

图 14-35　文字检查点属性设置

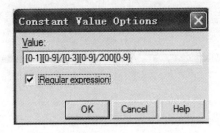

图 14-36　正则表达式设置页面

（3）接受其他默认值，点击"OK"关闭"Constant Value Options"对话框，回到"Text Checkpoint Properties"对话框。点击"OK"关闭"Text Checkpoint Properties"对话窗口。

（4）运行脚本得出测试结果。

14.9　将测试拆分为多操作

将测试脚本拆分为多操作的调用，可以使设计更模块化，测试更有效。把 14.3 节录制的脚本进行分割，把注册和预订票的流程分隔开。

在关键字视图中，把脚本展开，选中"Flights"，点击测试工具条的"拆分操作"，弹出如图 14-37 所示的对话框，进行动作名称的设置和描述，名称默认为"Action1_1"和"Action1_2"，表示这两个"Action"是由"Action1"分割而成的。

分割后关键字视图如图 14-38 所示，在关键字视图中已经分为两部分。

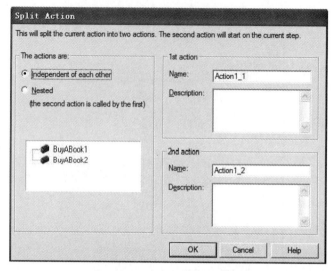

图 14-37　拆分操作对话框

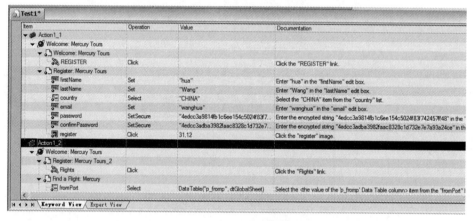

图 14-38　脚本分割后的页面

14.10　小　结

　　QTP 通过记录并模拟实际用户的操作，比如点击鼠标、单击图形用户界面（GUI）等，并通过一系列的强化功能，如设置检查点，进行参数化操作、创建输出值、使用正则表达式、拆分操作等，实现了对功能测试的自动化过程，从而将测试工程师从大量烦琐的手工测试中解放出来。本章对一些基本操作做了介绍，读者欲使用 QTP 更强大的功能，还需要掌握脚本语言、XML、Excel、Word 等 API 对象、面向对象的编程语言等相关知识。

第 15 章　软件测试文档模板

测试文档是对要执行的软件测试及测试的结果进行描述、定义、规定和报告的任何书面或图示信息。由于软件测试是一个复杂的过程，必须把测试的要求、规划、测试过程以文档的形式保存起来。规范的文档对测试阶段的工作具有指导与评价的作用，即使是已经投入使用的软件，在维护的过程中，常常要进行回归测试，还会用到开发阶段的各种测试文档。

15.1　测试大纲写作模板

测试大纲在一般情况下是由一位对整个系统设计熟悉的设计人员编写的，大纲中要明确测试的内容和测试通过的准则，能设计出完整合理的测试用例，以便系统实现后进行全面测试。

测试大纲的主要内容是：测试策略是什么、需要做哪些测试、测试过程如何组织、测试人员包括哪些等。测试大纲是测试单位为了获得测试任务在项目招标阶段编制的文件，它是测试单位参与投标时投标书内容的重要组成部分。编制测试大纲的目的是要使建设单位信服，采用本测试单位制订的测试方案，能够圆满实现建设单位的投资目标和建设意图，进而赢得竞争投标的胜利。由此可见，测试大纲的作用是为测试单位的经营目标服务的，起着承接测试任务的作用。

测试大纲的写作模板可参考如下：

1.　概　　述

（1）编写目的。

本文档的编写目的在于为 XXX（软件名称）软件测试人员提供详细的测试步骤和测试数据，以保证软件测试的正确性和完整性。

（2）参考资料。

说明软件测试所需的资料（需求分析、设计规范等）。

（3）术语和缩写词。

说明本次测试所涉及的专业术语和缩写词等。

（4）测试内容和测试种类。

2. 系统结构

图表形式表示。

3. 测试目的

说明本次测试的目的。

4. 测试环境

（1）硬件。

列出进行本次测试所需的硬件资源的型号、配置和厂家。

（2）软件。

列出进行本次测试所需的软件资源，包括操作系统和支持软件（不含待测软件）的名称、版本、厂家。

5. 人　员

列出一份清单，说明在整个测试期间对人员的数量、时间、技术水平的要求。

6. 测试说明

可以把整个测试过程按逻辑划分为几个组（包括测试计划中描述的总体测试要求的每个方面），并给每个组命名一个标识符。

（1）测试 1 名称及标识符说明。

① 测试概述。

对测试 1 进行一个总体描述，主要说明这组测试的基本内容。

② 测试准备。

描述本测试开始前系统必须具备的状态和数据。

③ 测试步骤。

对各测试操作按先后顺序进行编号。

（2）测试 2 名称及标识符说明。

增加内容与测试 1 相同，不再赘述。

15.2　测试计划写作模板

《ANSI/IEEE 软件测试文档标准 829-1983》将测试计划定义为："一个叙述了预定的测试活动的范围、途径、资源及进度安排的文档。它确认了测试项、被测特征、测试任务、人员安排，以及任何偶发事件的风险。"由此可见测试计划的重要性。

软件测试计划是指导测试过程的纲领性文件，包含了产品概述、测试策略、测试方法、测试区域、测试配置、测试周期、测试资源、测试交流、风险分析等内容。借助软件测试计划，参与测试的项目成员，尤其是测试管理人员，可以明确测试任务和测试方法，保持测试实施过程的顺畅沟通，跟踪和控制测试进度，应对测试过程中的各种变更。

IEEE829 标准测试计划模板如下：

1. 目　的

规定测试的范围、测试的方法、测试所需的资源和测试活动的时间表。确定测试项、要测试的特性、要执行的测试任务、每个任务的责任人和与本计划相关的风险。

2. 测试计划标识

本测试计划的唯一标识。

3. 介　绍

总结要测试的软件项和软件特性。在此也可描述一下每个软件项的用途、历史等。

4. 测试项

列出测试项的版本/修订号。同时还应该说明测试该项的先决条件（如，项目将从存储在磁带上转为存储在磁盘上）。

5. 要测试的特性

列出所有要测试的特性及其组合与相关的测试设计规格说明。

6. 不会被测试的特性

列出所有不会被测试的特性及其组合，以及不会测试它们的原因。

7. 方　法

描述测试将使用的总的方法，即对于测试每一个主要的特性和特性的组合将使用的方法、主要活动、技术、工具。测试方法应该描述得足够详细以便识别出主要的测试任务，估计每个测试任务所需要的时间，同时描述期望的至少要达到的测试广度。列出用来判断测试工作量的技术（例如，决定哪些语句至少要被执行一次）、完成准则（如，错误频率）、用于需求跟踪的工具；列出测试的重要约束，如测试项是否可得、测试资源是否可得和最后期限。

8. 测试项通过/失败准则

列出用来决定一个测试项是否通过或失败的标准。

9. 暂停准则和继续准则

列出用于判断测试项的部分或所有测试活动是否要暂停的标准，以及当测试继续的时候哪些测试活动要重新进行。

10. 测试交付物

列出所有要交付的文档，包括：测试计划，测试设计规格说明，测试用例规格说明，测试规程规格说明，测试项移交报告，测试日志，测试事件报告，测试总结报告。测试所需的输入数据和输出数据也应该作为交付物列出。测试工具（如，模块驱动器和桩）也可以列于此。

11. 测试任务

列出准备测试和执行测试所需的任务集以及它们之间的依赖，所需的技能。

12. 环境需求

列出期望的测试环境，包括硬件、通信、系统软件、如何使用（如，孤立的），以及其他用于测试的软件或辅助物。并且也要说明测试辅助物、系统软件、专利组件（如软件、数据、硬件）的安全级别。列出所需的特殊测试工具以及其他测试需要（如，书籍或办公室）。测试环境如表 15-1 所示。

表 15-1　测试环境列表

服务器			
机器名称	硬件配置	操作系统	软件环境
客户端			
机器名称	硬件配置	操作系统	软件环境

13. 责　任

列出以下小组，包括管理、设计、准备、执行、作证、检查，解决。另外列出测试项的小组和环境需求的小组。这些小组的成员可以包含开发人员、测试员、运营人员、用户代表、技术支持人员、数据管理员和质量支持人员。

14. 人手和培训的需要

列出需要的测试人员与他们应具有的技能级别以及所需的技能培训。

15. 时间表

列出项目时间表中的与测试相关的里程碑以及测试项迁移事件。定义其他所需的测试里程碑，估计每个测试任务所需的时间，说明每个测试任务和测试里程碑的时间表。对于每个测试资源（即辅助物、工具、人手），说明它的使用期限。

16.　风险以及应急措施

列出所有高风险的假设，说明它们的应急措施（如，测试项交付延期可能要求测试人员加班以求按时交付）。

17.　授　权

说明核准该计划的人员的姓名和头衔，留下空间以便让他们签名、填写日期。

软件开发标准 GB8567—88 测试计划写作模板如表 15-2 所示。

表 15-2　GB8567—88 测试计划写作模板

1 引言
1.1 编写目的
本测试计划的具体编写目的，指出预期的读者范围。
1.2 背景
说明：
（1）测试计划所从属的软件系统的名称；
（2）该开发项目的历史，列出用户和执行此项目测试的计算中心，说明在开始执行本测试计划之前必须完成的各项工作。
1.3 定义
列出本文件中用到的专门术语的定义和外文首字母组词的原词组。
1.4 参考资料
列出要用到的参考资料，如：
（1）本项目的经核准的计划任务书或合同、上级机关的批文；
（2）属于本项目的其他已发表的文件；
（3）本文件中各处引用的文件、资料，包括所要用到的软件开发标准。列出这些文件的标题、文件编号、发表日期和出版单位，说明能够得到这些文件资料的来源。
2 计划
2.1 软件说明
提供一份图表，并逐项说明被测软件的功能、输入和输出等质量指标，作为叙述测试计划的提纲。
2.2 测试内容
列出组装测试和确认测试中的每一项测试内容的名称标识符，这些测试的进度安排以及这些测试的内容和目的，例如模块功能测试、接口正确性测试、数据文卷存取测试、运行时间测试、设计约束和极限测试等。
2.3 测试 1（标识符）
给出这项测试内容的参与单位及被测试的部位。
2.3.1 进度安排
给出对这项测试的进度安排，包括进行测试的日期和工作内容（如熟悉环境、培训、准备输入数据等）。
2.3.2 条件
陈述本项测试工作对资源的要求，包括：
（1）设备。采用的设备类型、数量和预定使用时间；

（2）软件。列出将被用来支持本项测试过程而本身又并不是被测软件的组成部分的软件，如测试驱动程序、测试监控程序、仿真程序、桩模块等；

（3）人员。列出在测试工作期间预期可由用户和开发任务组提供的工作人员的人数、技术水平及有关的预备知识，包括一些特殊要求，如倒班操作和数据键入人员。

2.3.3 测试资料

列出本项测试所需的资料，如：

（1）有关本项任务的文件；

（2）被测试程序及其所在的媒体；

（3）测试的输入和输出举例；

（4）有关控制此项测试的方法、过程的图表。

2.3.4 测试培训

说明为被测软件的使用提供培训的计划。规定培训的内容、受训的人员及从事培训的工作人员。

2.4 测试2（标识符）

用与本测试计划2.3条相类似的方式说明用于另一项及其后各项测试内容的测试工作计划。

3 测试设计说明

3.1 测试1（标识符）

说明对第一项测试内容的测试设计考虑。

3.1.1 控制

说明本测试的控制方式（如输入是人工、半自动或自动），引入控制操作的顺序以及结果的记录方法。

3.1.2 输入

说明本项测试中所使用的输入数据及选择这些输入数据的策略。

3.1.3 输出

说明预期的输出数据，如测试结果及可能产生的中间结果或运行信息。

3.1.4 过程

说明完成此项测试的每个步骤和控制命令，包括测试的准备、初始化、中间步骤和运行结束方式。

3.2 测试2（标识符）

用与本测试计划3.1条相类似的方式说明第2项及其后各项测试工作的设计考虑。

4 评价准则

4.1 范围

说明所选择的测试用例能够检查的范围及其局限性。

4.2 数据整理

为了把测试数据加工成便于评价的适当形式，使得测试结果同已知结果进行比较而要用到的转换处理技术，如手工方式或自动方式。如果是用自动方式整理数据，还要说明为进行处理而要用到的硬件、软件资源。

4.3 尺度

说明用来判断测试工作是否能通过的评价尺度，如合理的输出结果的类型，测试输出结果与预期输出之间的容许偏离范围，允许中断或停机的最大次数。

具体编写测试计划时，可以对IEEE测试计划模板和软件开发标准GB 8567—88测试计划模板进行修改，从而建立针对具体项目的可行测试计划。

15.3　测试用例写作模板

测试用例是软件测试的核心，测试用例的设计和编写是软件测试活动中最重要的任务。测试用例是一个文档，是执行的最小实体。测试用例描述输入、动作，或者时间和一个期望的结果，其目的是确定应用程序的某个特性是否正常的工作，并且达到程序所设计的结果，以便测试某个程序路径或核实是否满足某个特定需求。测试用例写作模板参考如下：

1.　文档介绍

提示：用户根据项目的实际测试状况，裁剪本测试用例模板。

（1）文档目的和范围；

（2）读者对象；

（3）术语与缩写解释。

2.　通用测试用例编写方法

测试用例表格的设计可以根据项目自身的特点进行设计，以下提供一种通用用例表格，如表 15-3 所示。

表 15-3　通用用例编写方法

用例编号					
原形描述	如函数、类的定义等				
用例目的	描述本用例的测试目的				
前提条件	如果某些前提条件不满足，本用例无法正常执行，则在此描述				
子用例编号	输入	操作步骤	期望结果	实测结果	状态

注：状态为"通过""失败""阻塞"。

3.　功能测试用例编写方法

功能测试用例编写方法如表 15-4 所示。

表 15-4　功能测试用例编写方法

用例编号				
功能 A 描述				
用例目的				
前提条件				
子用例编号	输入/动作	期望的输出/响应	实际情况	状态
	示例：典型值……			
	示例：边界值……			
	示例：异常值……			

4. 容错能力/恢复能力测试用例编写方法

容错能力/恢复能力测试用例编写方法如表 15-5 所示。

表 15-5　容错能力/恢复能力测试用例编写方法

用例编号				
用例目的				
前提条件				
子用例编号	异常输入/动作	容错能力/恢复能力	造成的危害、损失	状态
	示例：错误的数据类型……			
	示例：定义域外的值……			
	示例：错误的操作顺序……			
	示例：异常中断通信……			
	示例：异常关闭某个功能……			
	示例：负荷超出了极限……			

5. 性能测试用例编写方法

性能测试用例编写方法如表 15-6 所示.

表 15-6　性能测试用例编写方法

用例编号				
性能 A 描述				
用例目的				
前提条件				
子用例编号	输入数据	期望的性能（平均值）	实际性能（平均值）	状态

6. 界面测试用例编写方法

界面测试用例的编写方法如表 15-7 所示。

表 15-7　界面测试用例的编写方法

用例编号				
用例目的				
前提条件				
指标	子用例编号	检查项	评价	状态
合适性和正确性		用户界面是否与软件的功能相融洽？		
		是否所有界面元素的文字和状态都正确无误？		
容易理解		对于常用的功能，用户能否不必阅读手册就能使用？		
		是否所有界面元素（例如图标）都不会让人误解？		
		是否所有界面元素提供了充分而必要的提示？		

指标	子用例编号	检查项	评价	状态
容易理解		界面结构能够清晰地反映工作流程？		
		用户是否容易知道自己在界面中的位置，不会迷失方向？		
		有联机帮助吗？		
风格一致		同类的界面元素是否有相同的视感和相同的操作方式？		
		字体是否一致？		
		是否符合广大用户使用同类软件的习惯？		
及时反馈信息		是否提供进度条、动画等反映正在进行的比较耗时间的过程？		
		是否为重要的操作返回必要的结果信息？		
出错处理		是否对重要的输入数据进行校验？		
		执行有风险的操作时，有"确认""放弃"等提示吗？		
		是否根据用户的权限自动屏蔽某些功能？		
		是否提供 Undo 功能用以撤销不期望的操作？		
适应各种水平的用户		所有界面元素都具备充分必要的键盘操作和鼠标操作吗？		
		初学者和专家都有合适的方式操作这个界面吗？		
		色盲或者色弱的用户能正常使用该界面吗？		
国际化		是否使用国际通行的图标和语言？		
		度量单位、日期格式、人的名字等是否符合国际惯例？		
个性化		是否具有与众不同的、让用户记忆深刻的界面设计？		
		是否在具备必要的"一致性"的前提下突出"个性化"设计？		
合理布局和谐色彩		界面的布局符合软件的功能逻辑吗？		
		界面元素是否在水平或者垂直方向对齐？		
		界面元素的尺寸是否合理？行、列的间距是否保持一致？		
		是否恰当地利用窗体和控件的空白，以及分割线条？		
		窗口切换、移动、改变大小时，界面正常吗？		
		界面的色调是否让人感到和谐、满意？		
		重要的对象是否用醒目的色彩表示？		
		色彩使用是否符合行业的习惯？		
……	……	……	……	

7. 信息安全测试用例编写方法

信息安全测试用例的编写方法如表 15-8 所示。

表 15-8　信息安全测试用例的编写方法

用例编号				
用例目的				
假想目标 A				
前提条件				
子用例编号	非法入侵手段	是否实现目标	代价－利益分析	状态
	……			

8. 压力测试用例编写方法

压力测试用例的编写方法如表 15-9 所示。

表 15-9　压力测试用例的编写方法

用例编号				
用例目的				
极限名称 A	如 "最大并发用户数量"			
前提条件				
子用例编号	输入/动作	输出/响应	是否能正常运行	状态
如 10 个用户并发操作				
如 20 个用户并发操作				

9. 可靠性测试用例编写方法

可靠性测试用例的编写方法如表 15-10 所示。

表 15-10　可靠性测试用例的编写方法

用例编号	
任务 A 描述	
连续运行时间	
故障发生的时刻	故障描述
……	
统计分析	
任务 A 无故障运行的平均时间间隔	（CPU 小时）
任务 A 无故障运行的最小时间间隔	（CPU 小时）
任务 A 无故障运行的最大时间间隔	（CPU 小时）
结论	

10.　安装/反安装测试用例编写方法

安装/反安装测试用例的编写方法如表 15-11 所示。

表 15-11　安装/反安装测试用例的编写方法

用例编号			
用例目的			
配置说明			
子用例编号	安装选项	是否正常	难易程度
	全部		
	部分		
	升级		
	其他		
	反安装选项	是否正常	难易程度

15.4　功能测试报告写作模板

功能测试是对产品的功能进行验证，保证各个功能模块、逻辑的正确功能。测试应侧重于业务功能和业务规则方面，检查产品是否达到用户的功能要求。对于功能测试，针对不同的应用系统，其测试内容的差异很大，但一般都可归为界面、数据、操作、逻辑、接口等方面。

供参考的功能测试写作模板如下所示。

1.　概　　述

（1）编写目的。

阐明编写本报告的目的，指明读者对象。

（2）项目背景。

说明本项目的开发背景。

（3）定义。

此报告中涉及的业务和技术方面的专业名词。

（4）参考资料。

此报告参考和依据的所有文档。

2.　功能测试测试方法与环境

（1）测试方法。

此次功能测试使用的测试方法，如黑盒测试法。

（2）硬件设备。

测试过程中用到的硬件设备。

（3）软件设备。

测试过程中用到的软件设备。

说明：对测试中所用到的软硬件设备实际情况的详细列举，过低的配置、软件版本的不匹配、网络拓扑的错误都会使提交的缺陷缺乏说服力，也会使开发人员对于某些缺陷是否由于环境因素导致而产生疑惑。

3．功能测试内容

本次功能测试的内容如界面、数据、操作、功能接口、功能约束条件等，还包括各功能点对应的测试用例设计，测试工具的选取。

4．功能测试结果

对缺陷和问题进行统计，如表 15-12 所示。

表 15-12　功能测试结果统计

缺陷统计	新建 Bug 数、修复 Bug 数、未修复 Bug 数、Bug 总数
问题摘要	遗留问题、拒绝问题、挂起问题、长期验证问题、待评估问题

5．功能测试的结论

测试结论不仅仅只是测试通过或不通过，而应该使用详细的数据来支持测试结论，如表 15-13、表 15-14 所示，需要列举的数据有测试用例通过率和遗留 Bug 的情况统计。

表 15-13　测试用例通过率

用例	未通过用例	未通过比率

表 15-14　遗留 Bug 情况

Bug 数	未修复 Bug	遗留 Bug 率

15.5　性能测试报告写作模板

性能测试主要是对响应时间、事务处理速率、资源占用率测试、兼容性、易用性、用户文档、效率、可扩充性等进行的测试。

供参考的性能测试写作模板如下所示。

1. 概　述

（1）目的。

说明为什么要进行此测试，参与人有哪些，以及测试时间，项目背景等。

（2）名词解释。

此报告中涉及的业务和技术方面的专业名词。

（3）参考资料。

此报告参考和依据的所有文档。

2. 测试需求分析

（1）测试目的。

说明此测试的目的。

（2）测试对象。

说明被测试产品的名称，版本，特性说明。

（3）系统结构。

简要描述被测系统的结构。

（4）测试范围。

① 测试范围介绍。

如：XXX 系统各项性能指标，软件响应时间的性能测试，CPU、Memory 的性能测试，负载的性能测试（压力测试）。

② 主要检测内容。

典型应用的响应时间；

客户端、服务器的 CPU、Memory 使用情况；

服务器的响应速度；

系统支持的最优负载数量；

网络指标；

系统可靠性测试。

（5）系统环境。

说明测试所需要的软硬件环境。

① 硬件环境，如表 15-15 列出的硬件环境表。

表 15-15　性能测试的硬件环境

IP	CPU	OS	Memory	Storage

② 软件环境

a. 测试软件产品。

主要说明被测试的软件产品模块名称和各模块分布情况。

b. 测试工具。

说明所使用的测试工具。

3. 测试场景设计

说明测试执行时的业务操作情况，相当于用例（Use Case）。不同场景下将得到不同的测试结果，因此性能测试的结果必须与场景关联。

（1）测试目的。

说明此场景测试的目的。

（2）测试配置。

说明该测试所使用的配置。

（3）测试步骤。

详细说明测试步骤。

（4）测试结果输出。

记录测试输出结果，用于数据分析。

（5）测试结论。

对测试数据做出分析，并对此次测试是否通过给出结论。

注：此模板只给出了一个场景的设计，需要设置多个场景时，内容与场景 1 相同。

4. 测试结论及建议

对此次性能测试做出结论并给出建议。

15.6 集成测试报告写作模板

集成测试是在单元测试之后由专门的测试小组来进行，目的是确保各个单元模块组合在一起能够按照规格说明书的规定运行。在完成集成测试后，测试小组负责对测试结果进行整理、分析，并最终形成集成测试报告。供参考的集成测试报告写作模板如下。

1. 引 言

（1）编写目的。

阐述此次集成测试的目的。

（2）背景。

说明本项目的开发背景。

（3）定义。

对报告中的定义进行说明。

（4）参考资料。

此报告参考和依据的所有文档。

2. 计划集成测试

（1）制订集成测试计划。

在制订集成测试计划时，至少应考虑如下问题：

采用何种方式对系统进行集成；

测试过程中是否要有专门的硬件设备；

全局数据结构是否有问题；

在集成各个模块时，穿越模块接口的数据是否会丢失。

（2）集成测试具体内容。

① 功能性测试。

检查各个子模块结合起来是否满足设计所要求实现的功能。

② 可靠性测试。

根据需求分析中提出的要求，对软件的容错性、易恢复性、错误处理能力进行测试。

③ 易用性测试。

根据软件设计中提出的要求，对软件的易理解性、易学性、易操作性、吸引性测试、易用的依从性进行测试。

④ 性能测试。

根据需求分析中提出的要求，对软件的相应时间、吞吐量、资源利用率等进行测试。

⑤ 维护性测试。

对软件的可以被修改的容易程度进行测试。

⑥ 可移植性测试。

测试软件是否可以被成功移植到其他的硬件或软件平台上。

⑦ 操作性测试。

测试主要操作是否正确，有无误差。

⑧ 疲劳性测试。

通过大容量数据进行测试。

（3）设计集成测试用例。

具体设计测试用例，执行集成测试。

3. 集成测试结果评估

按照集成测试的内容，对内容一一进行结果评估。

4. 建议的集成测试结论

对此次集成测试是否通过下结论。

15.7　系统测试报告写作模板

完成集成测试后，还需要进行系统测试。系统测试是将已经通过集成测试的软件、计算机硬件、外设和网络等其他因素结合在一起，与系统需求说明书、系统方案说明书相比较，发现系统与用户需求不符或矛盾的地方，所以在系统实施运行前要进行系统测试。

供参考的系统测试报告模板如下：

1. 测试范围

（1）测试产品信息。

产品或系统模块名称，版本信息。

（2）测试内容。

用表格的形式列出每一测试的标志符及其测试内容，并指出实际进行的测试内容与测试计划中预先设计的内容之间的差别，说明做出这种变动的原因。

（3）测试环境。

硬件、软件、测试数据。

2. 测试执行情况

（1）测试计划执行情况。

描述测试任务执行情况，包括实际进度和人员情况。

（2）测试类型和测试用例执行情况。

用附件列出每个选用的测试用例的执行结果。

3. 测试结果统计

测试用例执行通过率；

测试用例需求覆盖率；

测试共发现缺陷数量。

4. 缺陷统计分析

（1）缺陷统计信息。

统计主要依据缺陷相关信息，主要统计信息有：

① 模块对应 Bug 数量；

② Bug 的优先级；

③ Bug 严重性；

④ 产品发布后 Bug 状态图等；

⑤ 通过 O/C 图对测试结束时间进行分析；

⑥ 缺陷密度。

（2）缺陷分析。

通过 Bug 统计信息对 Bug 进行分析，提出改进意见；

O/C 图分析、产品缺陷趋势分析。

5．测试评价

（1）测试结束准则

测试用例需求覆盖率；

测试用例通过率；

遗留缺陷数量。

（2）遗留缺陷和建议

给出遗留 Bug 情况以及解决措施建议；

在系统测试报告中必须列出遗留缺陷的明细列表。

（3）建议测试结论

如：① 满足测试结束准则，通过测试。系统测试报告中还需要根据发布准则判断是否允许发布。② 不满足测试结束准则，测试不通过。

15.8　验收测试写作模板

验收测试是依据软件开发商和用户之间的合同、软件需求说明书以及相关行业标准、国家标准、法律法规等对软件的功能、性能、可靠性、易用性、可维护性、可移植性等特性进行严格的测试，验证软件的功能和性能及其他特性是否与业务需求一致。

验收测试写作模板的主要内容如下：

1．测试目的

描述进行本次验收测试的测试标准、进行的主要测试类项以及要达到的测试目的。如针对验收测试的标准（如：需求规格说明书、双方签订合同以及双方其他正式约定、公司的验收标准和验收过程等）进行功能符合性测试、数据准确性测试、性能测试等，目的是验证各功能模块是否符合需求规格说明书或用户需求描述的功能和技术要求。

2．测试产品信息

产品或系统名称；

版本信息。

3．测试环境和数据准备

（1）测试环境。

测试环境如表 15-16 所示。

表 15-16　验收测试环境

系统资源		
资源	名称/类型	软件环境
数据库服务器		
数据库名称		
服务器名称		
网络或子网		
客户端测试 PC		
包括特殊的配置需求		
测试存储库		
服务器名称		
测试开发 PC		

（2）测试准备。

应用软件安装准备和测试数据准备。

4. 测试人员

测试人员和职责，如表 15-17 所示。

表 15-17　测试人员及职责

人力资源		
角色	所推荐的最少资源 （所分配的专职角色数量）	具体职责或注释
测试负责人		制订测试计划、确定测试用例、构建测试环境； 管理测试系统； 完成测试报告，评估测试结果的有效性
测试人员		执行测试，职责如下： 执行测试； 记录测试结果； 从错误中恢复； 记录变更请求

注：可适当地删除或添加角色项。

5. 测试执行情况

对应测试计划，将测试执行情况如测试结果、实际测试时间直接填入。如有测试问题，记录在验收测试报告单上。

（1）功能测试。

可采用如表 15-18 所示的方法填写。

表 15-18　功能测试执行情况表

测试功能	测试时间	测试结果	备注
功能 1			
……			

（2）性能测试。

性能测试的执行情况，如执行时间、结果等。

（3）测试问题。

记录测试中存在的问题。

6．测试统计

针对测试发现的 Bug，进行统计分析：

（1）按 Bug 严重级别进行统计分析；

（2）按模块对应的 Bug 进行统计分析。

7．测试结果

（1）准则。

说明评价测试结果的准则。

（2）建议和意见。

针对测试结果提出意见和建议。

（3）建议测试结论。

根据评价准则，给予测试是否通过的结论。

15.9　测试分析报告模板

测试分析报告是测试主要报告之一。测试分析报告是建立在正确的、足够的测试结果的基础上，不仅提供测试结果的必要数据，同时要对结果做出分析。软件开发标准 GB8567—88 测试分析报告的模板如表 15-19 所示。

表 15-19　GB8567—88 测试分析报告

1 引言
1.1 编写目的
说明这份测试分析报告的具体编写目的，指出预期的阅读范围。
1.2 背景
说明：
（1）被测试软件系统的名称。
（2）该软件的任务提出者、开发者、用户及安装此软件的计算中心，指出测试环境与实际运行环境之间可能存在的差异以及这些差异对测试结果的影响。
1.3 定义
列出本文件中用到的专业术语的定义和外文首字母组词的原词组。

1.4 参考资料

列出要用到的参考资料，如：

（1）本项目的经核准的计划任务书或合同、上级机关的批文。

（2）属于本项目的其他已发表的文件。

（3）本文件中各处引用的文件、资料，包括所要用到的软件开发标准。列出这些文件的标题、文件编号、发表日期和出版单位，说明能够得到这些文件资料的来源。

2 测试概要

用表格的形式列出每一项测试的标识符及其测试内容，并指明实际进行的测试工作内容与测试计划中预先设计的内容之间的差别，说明做出这种改变的原因。

3 测试结果及发现

3.1 测试1（标识符）

把本项测试中实际得到的动态输出（包括内部生成数据输出）结果同对于动态输出的要求进行比较，陈述其中的各项发现。

3.2 测试2（标识符）

用类似本报告3.1条的方式给出第2项及其后各项测试内容的测试结果和发现。

4 对软件功能的结论

4.1 功能1（标识符）

4.1.1 能力

简述该项功能，说明为满足此项功能而设计的软件能力以及经过一项或多项测试已证实的能力。

4.1.2 限制

说明测试数据值的范围（包括动态数据和静态数据），列出测试期间就某一项功能在该软件中查出的缺陷、局限性。

4.2 功能2（标识符）

用类似本报告4.1的方式给出第2项及其后各项功能的测试结论。

5 分析摘要

5.1 能力

陈述经测试证实了的本软件的能力。如果所进行的测试是为了验证一项或几项特定性能要求的实现，应提供这方面的测试结果与要求之间的比较，并确定测试环境与实际运行环境之间可能存在的差异对能力的测试所带来的影响。

5.2 缺陷和限制

陈述经测试证实的软件缺陷和限制，说明每项缺陷和限制对软件性能的影响，并说明所有性能缺陷的累积影响和总影响。

5.3 建议

对每项缺陷提出改进建议，如：

（1）各项修改可采用的修改方法；

（2）各项修改的紧迫程度；

（3）各项修改预计的工作量；

（4）各项修改的负责人。

5.4 评价

说明该项软件的开发是否已达到预定目标，能否交付使用。

6 测试资源消耗

总结测试工作的资源消耗数据，如工作人员的水平级别、数量、机时消耗等。

参考文献

[1]　杜庆峰. 高级软件测试技术[M]. 北京:清华大学出版社，2011.

[2]　郑人杰，许静，于波. 软件测试[M]. 北京：人民邮电出版社，2011.

[3]　周元哲. 软件测试[M]. 北京：清华大学出版社，2013.

[4]　周元哲，张庆生，王伟伟，刘海.软件测试案例教程[M]. 北京：机械工业出版社，2013.

[5]　蒋方纯. 软件测试设计与实施[M]. 北京：北京大学出版社，　2015.

[6]　丁宋涛. 软件测试案例教程[M]. 北京：北京大学出版社，　2012.

[7]　李千目. 软件测试理论与技术[M]. 北京：清华大学出版社，2015.

[8]　李千目. 软件自动化测试原理与实证[M]. 北京：清华大学出版社，2015.

[9]　宫云战. 软件测试教程[M]. 北京：机械工业出版社，2016.

[10]　傅兵. 软件测试技术教程[M]. 北京：清华大学出版社，2014.

[11]　史亮. 软件测试实战：微软技术专家经验总结[M]. 北京：人民邮电出版社，2014.

[12]　蔡建平，倪建成，高仲合. 软件测试实践教程[M]. 北京：清华大学出版社，2014.

[13]　秦航，杨强. 软件质量保证与测试[M]. 北京：清华大学出版社，2012.

[14]　魏金岭，韩志科，周苏. 软件测试技术与实践[M]. 北京：清华大学出版社，2013.

[15]　王东刚. 软件测试与 Junit 实践[M]. 北京：人民邮电出版社，2004.

[16]　Hunt A，Thomas D. 单元测试之道 Java 版：使用 JUnit[M]. 陈伟柱，陶文，译. 北京：电子工业出版社，2005.

[17]　黄文高.LoadRunner 性能测试完全讲义[M]. 2 版. 北京：水利水电出版社，2014.

[18]　Mili A，Tchier F.软件测试概念与实践[M]. 颜炯，译. 北京：机械工业出版社，2012.

[19]　Myers G J，Badgett T，Sandler C. 软件测试的艺术[M]. 3 版. 张晓明，黄琳，译. 北京：机械工业出版社，2012.

[20]　Vance S. 优质代码 软件测试的原则 实践与模式[M]. 伍斌，译. 北京：机械工业出版社，2015.

[21]　孟磊. 软件质量与测试[M]. 西安：西安电子科技大学出版社，2015.

[22]　刘伟. 软件质量保证与测试技术[M]. 哈尔滨：哈尔滨工业大学出版社，2011.

[23]　Sommerville I. 软件工程[M]. 9 版. 程威，等，译. 北京：机械工业出版社，2011.

[24]　Schach S R. 软件工程：面向对象和传统的方法[M]. 8 版. 邓迎春，韩松，等，译. 北京：机械工业出版社，2012.

[25]　张海藩，牟永敏. 软件工程导论[M]. 6 版. 北京：清华大学出版社，2013.

[26]　Patton R. 软件测试[M]. 2 版. 张小松，等，译. 北京：机械工业出版社，2006.

[27] 李龙，黎连业. 软件测试实用技术与常用模板[M]. 2 版. 北京：机械工业出版社，2017.

[28] Jorgensen P C. 软件测试——软件工程技术丛书测试系列[M]. 2 版. 韩柯，杜旭涛，译. 北京：机械工业出版社，2003.

[29] 滕玮，等. 软件测试技术与实践[M]. 北京：机械工业出版社，2012.

[30] 徐拥军. 软件测试技术、方法和环境[M]. 北京航空航天大学出版社，2012.

[31] 杨胜利. 软件测试技术杨胜利[M]. 广州：广东高等教育出版社，2015.

[32] 王顺，朱少民，汪红兵，盛安平. 软件测试工程师成长之路——软件测试方法与技术实践指南（ASP.NET 篇）[M]. 2 版. 北京：清华大学出版社，2010.

[33] 王顺. 软件测试工程师成长之路——掌握软件测试九大技术主题[M]. 北京：电子工业出版社，2014.

[34] 王顺. 软件测试方法与技术实践指南[M]. 北京：清华大学出版社，2010.

[35] 朱少民. 软件测试方法和技术[M]. 北京：清华大学出版社，2014.